U0220473

疯狂博物馆 · 湿地季

陈博君 / 著　　柯曼 / 绘

ZHEJIANG UNIVERSITY PRESS
浙江大学出版社

目 录

引子　非洲动物展

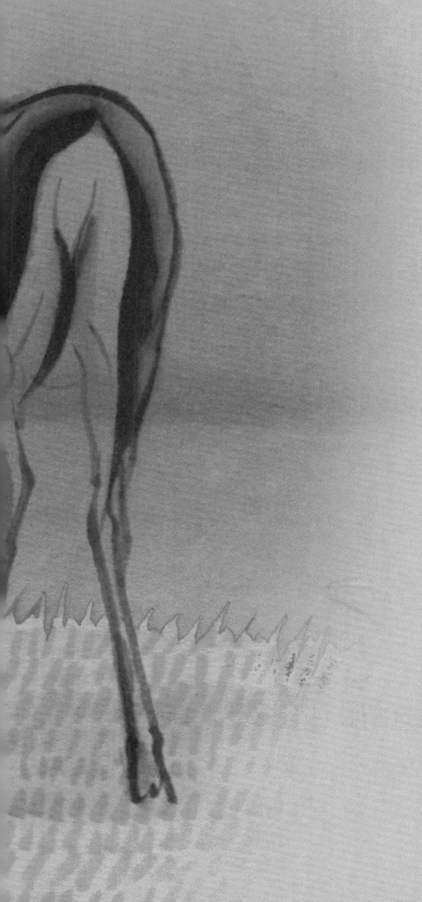

转眼一周又快过去了，一心惦记着再跟嘀嘀嗒去探索生命奥秘的卡拉塔，开始盘算起该如何利用这个周末，去一个新的地方完成变身之旅了。

“卡爸，卡拉塔，开饭了！”卡拉塔正胡思乱想着，卡妈从厨房里端出最后一盘菜，欢快地招呼着，“瞧，今晚不加班，我早早回了家，给你们父子俩做了这么多好吃的！”

油焖春笋、糖醋里脊、尖椒肉丝、土豆牛腩、咖喱鸡块……满满地摆了一餐桌，让人看了直流口水。每一样妈妈的拿手菜，都是卡拉塔的最爱啊！他毫不客气地冲到桌前，抓起筷子，准备开战。

“洗手了没？”卡妈表情严肃地大喝一声，瞬间切回到了职业经理人的状态。

“洗了洗了，早洗过了！”卡拉塔鼓着腮帮子含混地答应着，嘴里早已塞进了一大块鸡腿。

丰盛的晚餐终于开动啦。卡拉塔暂时抛开那只让人心神不宁的变身小仓鼠，开始尽情地享受这一周来最豪华的一顿晚餐。

“儿子啊，这个周末你有什么安排没？”卡馆长一边嘎吱嘎吱嚼着春笋，一边漫不经心地问道。

“没，没啥安排呀！”卡拉塔心里一抖，莫非……老爸知道我的秘密了？

“这几天我们馆里正在举办一个非洲动物展，还蛮值得看的。”卡馆长自顾自说道，“这个展览是从非洲肯尼亚引进的，有一百多种动物标本呢。为了再现非洲野生动物大迁徙的壮观景象，我们还专门布置了仿真的场景……”

“哇哦，听上去还蛮震撼的嘛！”卡拉塔一阵激动，心想：“如果穿越到非洲大草原的沼泽湿地里去看看，倒也挺有意思的。”

“我想去看展览，可以吗？”卡拉塔用期盼的眼神望着爸爸。

“可以啊。”卡馆长点点头，转脸望向卡妈，语气有些迟疑，“不过……”

“你得先把作业都做完，才能去看展览！”卡妈毫不含糊地命令道。

“这可不是我说的哦！”卡馆长冲着卡拉塔眨眨眼，狡黠地说道，“不过你妈的意见，我表示完全赞同。”

老爸过去很少带卡拉塔去博物馆的，说是怕影响工作什么的。这次居然主动推荐展览，实在太让人意外啦。不过，这也足以说明这个非洲动物展确实值得看。想到这里，卡拉塔的心里美滋滋的，充满了期待。

晚饭过后，卡拉塔回到自己的小房间，悄悄锁好房门，然后从双肩包里捧出了那只标本小仓鼠。

“嘀嘀嗒，我已经决定这个礼拜我们去哪里了！”他压低嗓门，兴奋地对着小仓鼠说道。

小仓鼠睁着一双萌萌的大眼睛，一动不动地望着他，仿佛在等待着被唤醒。可是卡拉塔很清楚，不到变身穿越的前一刻，他是不可以轻易说出“淘气的小坏蛋”这几个字的。

一　穿越羊胎里

周末的湿地博物馆好热闹呀：游客大厅熙熙攘攘的，两头摇头摆尾的仿真恐龙前，合影留念的小朋友们排起了长队；各展厅里更是人流如织，多功能触摸屏前，孩子们一边玩着游戏，一边学习湿地知识；声音甜美的讲解员阿姨，正在向围成一圈的游客们介绍着精美的展品，引来了一阵又一阵的惊叹声。

卡拉塔却对这热闹的景象毫不留恋，他背着双肩包，快速穿过拥挤的人群，直奔三楼的专题展厅而去。他心里惦记着的，只有那个爸爸口中"非常值得一看"的非洲动物展。

其实卡拉塔本来是可以不用背双肩包的，因为他早已在前一天晚上就把这个周末的作业全都做完了。但是不行啊，如果没有书包，怎么神不知鬼不觉地把小仓鼠嘀嘀嗒带去博物馆呢？不带上嘀嘀嗒，又怎么能变身去非洲大草原玩呢？所以，当卡馆长惊讶地问卡拉塔"你的作业不是都做完了吗？还背个书包去博物馆干什么？"的时候，卡拉塔非常机敏地回答道："我还是带一些书本去，万一在博物馆里逛累了，就找个地方坐下来看会儿书！"

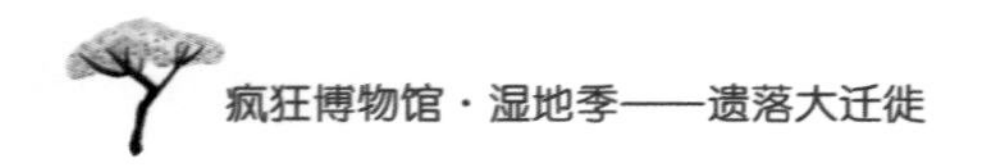

对于卡拉塔给出的理由，卡馆长显然十分满意，所以就没再多问。

还没进入专题展厅，卡拉塔就听到一阵鼎沸的人声从展厅里阵阵传来。看来，这个展览人气的确很旺呀！

和平时其他的展览不一样，这次的专题展厅门口，一左一右摆放着两只庞大的动物标本，左边这只是狮子，右边那只是猎豹，栩栩如生的样子让人远远望去就有一种不寒而栗的感觉。

卡拉塔壮起胆子，从狮子和猎豹中间大摇大摆地走进展厅。嚯！里面的观众可真多啊，比他在一楼游客大厅看到的人还多。

展厅里的灯光有些昏暗，相机的闪光灯不停闪动，嘈杂的赞叹声此起彼伏，仿佛走进了一个热闹的聚会场所。卡拉塔的眼睛适应了好一会儿，这才看清了展厅内的情景：上千平方米的宽敞展厅没像其他展览那样，用隔板隔成几个不同区，而是布置成了一个完整的非洲大草原，一排排射灯从屋顶一齐照射下来，把大草原的复原场景照耀得十分明亮。相形之下，人流不断涌动着的观众区，像被隐藏在了巨大的阴暗之中。

哇，好气派、好壮观的非洲大草原啊！只见那青翠碧绿的草地上，密密麻麻的斑马、羚羊、角马和长颈鹿排成了长长的队伍，正在奋蹄前行，再配上展厅四周的音箱中不断播放着的万蹄奔腾的轰鸣声，给人一种亲临非洲大草原的感觉。卡拉塔一瞬间就被眼前壮观的景象给震慑住了。

“这就是非洲大草原上著名的**野生动物大迁徙场景**……”讲解员阿姨一边用手示意着身后的场景，一边向着游客们娴熟地介绍道：“跟随在这些草食动物大迁徙队伍周围的，是不计其数的肉食动物，你们看，有狮子、猎豹、鬣（liè）狗、鳄鱼……它们都是凶悍的猎食者，随时准备着出击，去猎杀那些弱小的草食动物。”

真的哎！在高高的青草丛中，卡拉塔发现了好多双闪着幽光的眼睛，他不禁为那些可怜的草食动物担忧起来。

野生动物大迁徙，是非洲草原上最壮观的自然现象之一。每年6月左右，坦桑尼亚大草原的青草被野生草食动物逐渐吃光了。为了寻找新的食物源，上百万头的角马、数十万计的斑马和羚羊组成声势浩大的队伍，长途跋涉3000多千米，向北迁移到肯尼亚的野生动物保护区。

在迁徙的过程中，草食动物们要时刻提防狮子、猎豹、鬣狗以及聚集在狭窄河畔的鳄鱼。而到达终点，在享受了短短两三个月的鲜美食物后，由于气候的变化，这200多万只食草野生动物，又不得不再次追寻着青草，不辞辛苦地返回坦桑尼亚。

在每一次的长途迁徙中，只有大约三分之一的幸运者能够回到出发地。当然，跟随它们一起回来的，还有大约40万个在惊险旅途中诞生的新生命。

瞪羚是非洲大草原上最有代表性的野生动物之一，它是一种美丽而灵巧的动物。之所以叫瞪羚，是因为它的两只眼睛特别大，眼球向外凸起，看起来就像瞪着眼一样。

瞪羚特别擅长奔跑，以每小时80千米的速度，连续跑上1个小时都不会觉得累。非洲大草原上，它的奔跑速度仅次于猎豹。而且，小瞪羚出生5分钟后，就能跟着母亲跑动了，6周左右，就成短跑健将了。因此，瞪羚对付强敌的最好办法就是“逃跑”。除了奔跑，瞪羚跳跃的本领也很强，它纵身一跳可高达3米，跨度9米。这些都是瞪羚天生的本领，因为周围的猛兽太多了，没这些本领就难以存活。

为了小瞪羚的安全，瞪羚妈妈还会经常舔小瞪羚，让它身上仅有的一点气味也消失不见，这样就不容易被发现了。大多数瞪羚生活在非洲大草原，但是也有少数生活在亚洲。

“这是**瞪羚**（dèng líng）撒达哈一家，大家请看，”讲解员阿姨指着迁徙队伍的后方说道，“那只体格健壮的雄瞪羚是撒达哈，他边上那只母瞪羚，就是他的夫人妮娅，跟在他们身后的小瞪羚，是他们的孩子……”

卡拉塔看到啦，在大草原场景最后方的角落里，果然有两大一小三只身形灵巧的瞪羚，正依偎在一起快乐地吃着肥美的青草，那温馨的场面实在让人心驰神往啊！

这些瞪羚头上都顶着一对尖尖的小角，棕色的皮毛上散布着美丽的花纹，肚子和屁股两侧是雪白的一片。他们不仅身材小巧玲珑，眼神清澈明亮，而且还长着修长有力的四肢，那颜值，简直逆天了！

“就变成瞪羚吧！”卡拉塔在人群中喃喃自语道，但是左右看看，到处都是人，又不敢随便把嘀嘀嗒给捧出来。

怎么办？怎么办？卡拉塔正着急呢，忽然听到人群中一个脆生生的童音在喊：“妈妈！妈妈！我也要到那个小房子里面去拍照！”

卡拉塔顺着声音望去，在大草原复原场景对面的一个光线阴暗的展厅角落里，有两棵枝繁叶茂的大树，树下搭建了一间简易的小木屋，有不少人正在屋外排队等候入内。原来，这是一间专门搭建起来供游客录音留言和拍照留念的房子。

有了！就去那间小木屋里变身！当我们在小木屋里穿越去非

洲大草原的时候，屋外的时间会凝固不动，等我和嘀嘀嗒去大草原玩好了再穿越回来，可以神不知鬼不觉地走出小木屋，都不会有人发现！

“哈哈！卡拉塔，你这个小天才！真是太聪明了！”卡拉塔得意地在心里夸奖完自己，就立马跑到小木屋旁，自觉地排起了队。

终于轮到啦！卡拉塔竭力按捺着满心的兴奋，一踏进小木屋，就迫不及待地关紧了房门。

小木屋里布置得非常简洁，两边的墙壁上画着青青的草地和苍劲的大树，正前方的墙上镶嵌（xiāng qiàn）着一台触摸屏，上面还遗留着前一位游客留下的自拍照。

不过，卡拉塔对这些都没有兴趣。他迫不及待地弯下身子，把硕大的双肩包从背上卸下来，放到了地上。然后，他迅速拉开背包，把标本小仓鼠捧在手心里，心情激动地举到面前。

“嘀嘀嗒，淘气的小坏蛋，你快醒过来吧！”卡拉塔双眼一眨不眨地直盯着小仓鼠那对乌溜溜的大圆眼，轻声呼唤起来。

“我回来啦！卡拉塔，这回你又想去哪里啦？”嘀嘀嗒清脆、尖细又可爱的声音终于又在耳边响起。

“我想去非洲大草原，看看那里的**沼泽湿地**，还有那些可爱的野生动物！”卡拉塔兴奋得心都快跳出来了。

“哦？非洲大草原？那里可不只有可爱的野生动物哦，还有许多野生动物是很凶狠的，去那里会有危险的哦！”嘀嘀嗒语重心长地提醒。

“不怕！不怕！探险嘛，总得有点刺激才行！”卡拉塔主意已定，他指指门外，“外面就是非洲大草原的复原场景，有一个瞪羚的大家庭，可温馨了……”

“知道啦！知道啦！你不就是想变成瞪羚吗？小菜一碟啦！”嘀嘀嗒不耐烦地说道，“不过这一次，我们要来个更刺激的穿越！”

“什么更刺激的穿越法？”卡拉塔的汗毛情不自禁又竖起来了。

沼泽湿地，就是长期受积水浸泡，水草长得非常茂密的泥泞地区。在非洲大草原上，分布着许多大大小小的沼泽湿地，这些湿地是由于草原上的河流沿岸，在河水浅、流速慢的情况下，生长出大量水草而逐渐形成的。

这些沼泽湿地孕育出了种类繁多的野生草食动物，它们以肥美的水草为生，快乐而自在地生活在沼泽湿地之中。当然，它们也得随时经受着肉食动物的攻击威胁。而且沼泽湿地的面积会随着季节的变换而变化，雨季的时候沼泽湿地会扩大，旱季则会缩小甚至完全干涸，这时候野生动物们就要面临饥荒的威胁了。

“这次我们要穿越到瞪羚妈妈的肚子里，让她把我们生出来！嘿嘿，给你体验体验被母瞪羚分娩出来的味道！”嘀嘀嗒一脸得意，“来，做好准备！”

“等一下，等一下！”卡拉塔一边急忙喊着，一边伸手在书包里摸索起来。

“又怎么啦？你在找什么东西呢？”嘀嘀嗒一头雾水。

“找这个，哈哈！”卡拉塔神神秘秘地笑着，从背包里摸出了一枚金光闪闪的东西。

原来是一枚小小的金色口哨！模样跟嘀嘀嗒的银口哨长得还真有点像。

“你有银口哨，我有金口哨，虽然我的口哨没有变身的魔法，但是比你的漂亮！哈哈！”卡拉塔说着，得意地把金口哨挂在了自己的脖子上。

“幼稚鬼！”嘀嘀嗒笑了，“不过你的金口哨还挺好看的，可以跟我的银口哨匹配！”

“嗯，你还挺会选地方的嘛，这里环境还不错。”嘀嘀嗒环顾了一下小木屋，满意地说。

“是啊，展厅里游人实在太多了，只有这个小木屋里还比较隐蔽。”卡拉塔向门外努了努嘴，“不过你得快一点了，外面还有好多人在排队等着拍照呢！”

“没关系，你忘了？一旦我们变身穿越，外面的时间就停止了！”嘀嘀嗒摆摆小手，“这次我们就别折腾了，就在这里变身吧！”

卡拉塔还没反应过来呢，嘀嘀嗒就动作麻利地吹响了他的银口哨。

“咻——咻——咻——”随着三声哨响，卡拉塔只觉得头脑一阵发晕，身体开始迅速变小、变小……

不知过了多久，卡拉塔感觉好像从睡梦中醒来，但脑子一片空白。

他努力睁开眼睛，惊讶地发现，自己竟躺在一个黑漆（qī）漆的密闭空间里。四周充满了略带淡淡腥味的液体，而自己竟然全身沉浸在这黏糊糊的液体之中！

子宫是一个空腔组织，就像是一个长在妈妈身体里的育儿袋，是哺乳动物孕育胎儿的器官，是幼体在出生之前在母体内发育生长的地方。

子宫的位置在母体的盆骨中央，形状很像一个倒置的梨子。子宫壁柔软而富有弹性，由最外层的浆膜、中间的子宫肌和最里面的黏膜三层组织构成。子宫内膜层表面的三分之二层能随卵巢激素的变化，而发生周期性变化并剥脱，产生月经，这是哺乳动物的重要特征之一。

卵生动物和两栖动物也有类似的“子宫”构造，但它们的“子宫”不是用来给胚胎发育提供空间的，与哺乳动物的子宫意义不同。

卡拉塔下意识地蹬动手脚，却发觉周围都是软绵绵的物体，把自己的四肢紧紧地挤压得蜷缩在了一起，根本无法伸展开来。

这时，他的头脑开始有点清醒起来了：我不是要和嘀嘀嗒穿越到非洲大草原去，变身成瞪羚的吗？怎么跑到这么个奇奇怪怪的地方来了呢？那一望无际的大草原在哪里呢？

哦哦，他终于想起来了，嘀嘀嗒好像说过，他们并不是直接穿越到大草原来的，而是要穿越到母瞪羚的肚子里，由瞪羚妈妈分娩生出来的！那，这个黑乎乎、湿嗒嗒、黏糊糊的地方，应该就是瞪羚妈妈的**子宫**喽？

卡拉塔正胡思乱想着，忽然，身边那些软绵绵的肉体剧烈地抖动起来。卡拉塔的腰间猛然一疼，好像被谁踹了一脚似的。

“谁呀，疼死我了！”卡拉塔大喊起来，但是他的喊声仿佛是沉潜在水底的回声，瓮声瓮气的。

“卡拉塔，是我呀，嘀嘀嗒！”又一个瓮声瓮气的声音在旁边响起，完全不像是嘀嘀嗒的声音。

“嘀嘀嗒，我们这是在哪里呀？是在羊胎里吗？”卡拉塔问。

“是啊，你别心急，再过不了多久，我们就可以出世啦。”

我们果然已经在羊胎中了！听到嘀嘀嗒的回应，卡拉塔的心这才安定下来。

二　光荣妈妈

卡拉塔又在羊胎里美美地睡着了，中间偶尔醒过来几次，奇怪的是一点也没觉得肚子饿。他好奇地问嘀嘀嗒，这是怎么回事？嘀嘀嗒告诉他："我们周围充满了黏糊糊的羊水，羊水里包含着蛋白质、无机盐、碳水化合物、脂质与磷脂质、尿素与电解质等各种养分；最重要的，是我们的肚脐眼上，还长着一条长长的脐带，瞪羚妈妈会通过这条脐带，把自己身上的营养输送给我们，所以我们不用吃东西，也不会感觉饿的。"

"原来是这样啊，羊胎里面还蛮先进的嘛！"卡拉塔赞叹道，不过随后又扭了扭身体，埋怨道，"就是这里的空间太挤了，腿脚都酸，动也动不了！"

"嗯——嗯——"耳边响起了一阵嗡嗡声，听那声音，好像感觉挺难受的。

羊胎里又是一阵七荤八素的颤（chàn）动。

"嘀嘀嗒你怎么了？我不小心挤到你了？"卡拉塔问。

"没有呀，没挤到我啊！"嘀嘀嗒的声音听上去还是怪怪的，一点没有那种尖细清脆的感觉。

“那你瞎叫唤啥呀？”卡拉塔觉得挺奇怪。

“我没叫唤呀！”这下轮到嘀嘀嗒奇怪了，“不过刚才我好像也听到了嗯嗯嗯的叫唤声，我还以为是你在叫呢！”

听嘀嘀嗒这么一说，卡拉塔顿时大吃一惊：“啊呀，莫非，莫非这羊胎里除了我俩，还有别人？！”

“嘀嘀嗒，我们什么时候才能被生出来呀？我快闷死了！”在这个狭小的空间里，卡拉塔实在有些待不住了。

“再忍忍，再忍忍，应该快了。”嘀嘀嗒话音刚落，那柔软而富有弹性的羊胎壁忽然猛烈地收缩了一下，把卡拉塔挤压得都快喘不过气来了。

卡拉塔还没反应过来是怎么回事儿，这种收缩就像汹涌的波涛似的阵阵袭来，一下，一下，又一下，变得越来越快，越来越强。随着震动的不断加剧，卡拉塔的身体也不由自主地随着身边的羊水一下一下晃动起来。

“怎么了？怎么了？嘀嘀嗒，地震了？！”卡拉塔大惊失色。

“别慌，开始宫缩了！”嘀嘀嗒的声音却很镇定，“这是生产的先兆，做好准备，我们马上就要冲出去啦！”

忽然，卡拉塔觉得头顶上好像裂开了一道天窗，一束明亮的光线从那道天窗照射进来。与此同时，他身边的那团肉球开始

向着那道透着光明的天窗迅速滑去。

“卡拉塔，我先走啦！”随着嘀嘀嗒的一声呼喊，那团肉球一直冲出了天窗。随后，天窗立即关闭，头顶的光线骤然消失，四下又恢复了一片黑暗。

噢，原来那个肉团就是嘀嘀嗒呀！卡拉塔蓦然醒悟过来。看来，他已经顺利冲出羊胎，被瞪羚妈妈生下来了。

那么，接下来是该轮到我了吧？想到这里，卡拉塔的心中不免有些紧张。不一会儿，羊胎壁果然又开始剧烈地收缩起来。顿时，好像有一股无形的力量，在不断地把卡拉塔推向前方。

我该怎么做？该怎么做？卡拉塔的脑子正在飞快地盘算着，头顶突然一片光明，那道天窗又打开了！卡拉塔立即下意识地运气发力，拼尽吃奶的力气往那道豁然洞开的天窗钻去。

身后的羊水仿佛一双无形的巨掌，猛推了卡拉塔一把。只听哗啦啦一声，他还没来得及搞明白是怎么回事，就已经冲出了羊胎。

明晃晃的阳光刺得卡拉塔几乎睁不开眼睛。

“欢迎你降生，我的第二个小宝贝！”一声温柔的呼唤在卡拉塔耳边响起。卡拉塔眯开双眼偷偷一瞧，呀！一张亲切的脸庞正柔情满怀地注视着自己。一双瞪得大大的眼睛，长着又密又长的睫毛，真是漂亮极了！他心想：“这位，应该就是我的瞪羚妈妈妮娅了吧？”

哈哈！我终于来到非洲大草原，变成了一只活蹦乱跳的小瞪羚啦！

卡拉塔张口就想欢呼，没想到发出来的居然是"咩咩咩"的叫声。

"别心急，小宝贝，让妈妈先帮你把脐带咬断。"说着，瞪羚妈妈妮娅张口轻轻地咬住了卡拉塔肚子上的脐带，然后使劲一磕牙，卡拉塔还来不及感觉到疼痛，脐带就已经被咬断了。

妮娅伸出长长的舌头，一边舔舐（tiǎn shì）着卡拉塔的身体，一边热切地鼓励道："宝贝，这下你可以站起来奔跑了！"

一阵麻酥酥的感觉掠过卡拉塔的脊背，他忽然感觉身体里充满了活力，腾的一下就站了起来。

哇！非洲大草原真的是太迷人啦！卡拉塔抬头向远处眺望，只见一望无际的青草地，就像浩瀚无边的碧绿波浪，在微风的吹拂下一波接一波地涌动着；那满地的青草长得又高又密，卡拉塔只要一蹲下来，就可以把自己的身体完全隐藏在巨大的绿浪之中；在前方的绿草地里，藏着一片蔚蓝色的湖水，湖边镶着一圈洁白的盐碱地，就像洁白的珍珠托着一块蔚蓝的宝石，美得让人陶醉；湖水和草地的头顶上，是一碧如洗的湛蓝天空，上面飘浮着一朵一朵洁白的云团，宛如一簇簇美丽的棉花，开

满了湛蓝的天空；天空下，湖水旁，草地上，一株株姿态婀娜的大树，好似美丽的大盆景，把大草原装点得分外生动。

卡拉塔在草地上开心地奔跑起来，但是他不敢跑得太远，所以没跑出几步，很快又折了回来。就在这时，他才注意到有一头和他长得几乎一模一样的小瞪羚，不知从哪里腾的一下蹿了出来，蹿到了他的身边，冲着他摇头摆尾地咩咩直叫。

“嘀嘀嗒，你一定就是嘀嘀嗒吧？”卡拉塔开心地迎过去，把头蹭到了小瞪羚的身上。

“嗯嗯，卡拉塔，你学聪明啦，一眼就能认出我了。”

“那当然了，用脑子想想就知道是你了！”卡拉塔有些得意。

“哎哟——哎哟——”正当卡拉塔和嘀嘀嗒沉浸在重逢的喜悦之中，躺在草丛中的母瞪羚妮娅忽然发出了轻轻的呻吟。

卡拉塔心头一紧，赶忙跑回到妮娅身边，围着瞪羚妈妈焦急地来回走动着。

“妈妈，你哪里难受？要不要我帮你做点什么？”他关切地问。

瞪羚妈妈有气无力地摇了摇头，额上却已布满了汗珠。

“别担心，瞪羚妈妈可能又要生小宝宝了！”嘀嘀嗒显得很有经验，“看来我们马上又会有一个小弟弟了！”

果然，没过多久，在妮娅的一声嘶喊中，第三只可爱的小瞪羚降生了！卡拉塔看看这个小弟弟，再转头瞧瞧站在身边的嘀嘀嗒，喔呦，长得也太像了吧，简直就跟一个模子里刻出来的，真太有趣了！

一胎居然生出了三只小瞪羚，这在整个瞪羚界简直就是一个奇迹！

瞪羚真的会生三胞胎吗？这个问题比较有趣。

瞪羚是羚羊的一种，和藏羚羊、普氏原羚等一样，同属于偶蹄目牛科羚羊亚科。因此，瞪羚的生育习性也和其他属种的羚羊一样，一般每胎都是只产一只瞪羚幼崽的，只有在极少数的情况下，才会生双胞胎。这种情况跟人类是不是也很相似呀？

至于故事中的瞪羚妈妈妮娅，一下子生了三胞胎，那就更加稀罕啦！不晓得是不是因为卡拉塔和嘀嘀嗒穿越过去造成的呢？哈哈！

消息就像无孔不入的风儿一样，很快就传遍了整个非洲大草原。要知道，通常情况下母瞪羚就跟人类一样，每胎一般都只产一只小瞪羚，偶尔出现双胞胎的情况，就已属十分罕见了。而我们的瞪羚妈妈妮娅，竟然一下子生了个三胞胎，这实在太了不起了！

和妮娅有着亲缘关系的瞪羚鲁拉一家，带着大大的一捆鲜草前来慰问，他们在道贺的同时，反复叮咛妮娅一定要养好身体……

角马又叫“牛羚”，是非洲大草原上数量最多的哺乳动物。不过，你可别被它的名字迷惑了哦，角马既不是马，也不是牛，而是一种大型的羚羊。

角马的样子的确长得牛头、马面、羊须。你瞧那粗大的头部和宽阔的肩膀，多像水牛，不论雌角马还是雄角马，头上都长着一对长长的弯角；身体却比较纤细，比较像马；脸上呢则长着山羊一般的胡须，全身也有长长的毛，脖子上还有黑色的鬣毛。

角马个头硕大，体重可达270千克，一般寿命在15～20年。角马喜欢吃草、树叶及花蕾，采食活动多见于上午和傍晚，晨昏时期最为活跃。

因为身上的毛多，角马不怕冷，但是挺怕热的，夏天的时候会拼命喘气，据说每分钟要喘100多次呢。

角马也是天生的跑步高手，而且和瞪羚一样，刚生下来没几分钟，就能站立起来行动甚至奔跑。

与妮娅一家关系十分要好的角马医生库都夫妇，带着他们的小角马宝贝，也送来了新鲜的水果和满满的祝福……

还有身手敏捷、性情胆小的斑马灵灵，气质娴雅、步态优美的长颈鹿悠悠，身材壮硕、行动迟缓的大水牛笨笨也都纷纷赶来探望妮娅和她的三个宝贝，眼光中充满了艳羡……

生了三胞胎的妮娅，一下子成了非洲大草原上的“光荣妈妈”，每天都有前来慰问和参观的动物们。

瞪羚爸爸撒达哈也为自己一下子拥有了三个儿子而感到无比的自豪，他绞尽脑汁，为三个新生的小宝贝取了三个他认为可爱无比的名字：老大叫嘀嘀嗒，老二叫卡拉塔，老幺叫叽叽喳。

他说：大儿子的到来，就好比吹响了行军号，嘀嘀嗒——，二儿子、三儿子马上接二连三地来了，而且他的胸口还天生就

斑马是非洲特有的动物，它们是由原马进化而来的，因此外形长得和马很相似，但身上却有漂亮而雅致的黑白条纹。不过，斑马身上长条纹可不是为了好看哦，这是一种很有效的保护色，可以模糊它们与周围环境的轮廓，分散和削弱捕猎者的注意力，还能防止刺刺蝇的叮咬。

斑马的视力很好，眼睛和其他马类一样，可以同时看见远处的东西和近处的东西；听觉也很敏锐，吃东西的时候也警惕地竖着耳朵，随时提防着敌人的突然袭击。斑马是群体动物，在觅食时，它们会轮流担任警戒任务，一有危险便发出长嘶的警告信号，提醒大家赶快逃跑。

斑马奔跑的速度也很快，每小时可达60～80千米，并且可以跑很久，因而总是能够逃脱肉食动物的追杀。

挂着个银光闪闪的“行军哨”，所以老大的名字就该叫“嘀嘀嗒”。

老二呢，虽然胸前也有个金口哨，但按照常理，一旦他出生后，就好比“卡拉塔”一下上了锁，瞪羚妈妈的这次生产任务就算结束了，所以这个口哨应该是个“关门哨”，老二的名字叫“卡拉塔”最合适。

至于老幺，他的胸前什么哨子都没有，只有一张叽叽喳喳爱吵闹的小嘴。他的到来，实在是一个意想不到的惊喜，使整个家庭就像喜鹊窝一样充满了喜庆和热闹，所以就叫“叽叽喳”，最贴切了。

卡拉塔开心极了。没想到，瞪羚爸爸竟这么有先见之明，居然给他和嘀嘀嗒取了跟本名一模一样的名字，真是太厉害、太伟大了！

不过，叽叽喳可不满意，他噘着小嘴对妈妈妮娅说：“大哥哥有漂亮的银口哨，小哥哥有漂亮的金口哨，可我什么都没有，妈妈太偏心了！”

“叽叽喳呀，哥哥们的小口哨是天生就有的，可不是妈妈偏心不给你哦。”妮娅搂着叽叽喳，柔声安慰道，“我们的叽叽喳虽然没有小口哨，但是长得最漂亮、最可爱呀！”

三　苦练逃生本领

瞪羚可真是一种神奇的动物啊，打从娘胎里出生还不到五分钟，就会说话、会奔跑啦！

“孩子们，快醒醒，起来跟我去锻炼吧！”一大清早，还睡得迷迷糊糊的卡拉塔，就被瞪羚爸爸撒达哈给叫醒了。

卡拉塔揉揉有些红肿的眼睛，发觉天色还灰蒙蒙的，没有完全亮呢，忍不住嘟哝了一句“还早呢，太阳都还没出来！”然后便倒头又想继续睡觉。

“起来！都给我起来，不许偷懒！”撒达哈厉声地命令道，一对前蹄砰砰砰地砸在孩子们身边的泥地上，扬起了一片棕黄色的尘土。

卡拉塔被这重重的敲打声给吓了一跳，蓦然惊醒过来，一骨碌翻身站了起来，用一双无辜的大眼睛茫然地望着瞪羚爸爸。

“在这大草原上，到处都充满了危机，如果我们不练好本领，随时都会被猛兽吃掉，所以，我们必须比别人更加勤奋，才不会被敌人抓住！”撒达哈眼神坚定地望着三个孩子，慷慨激昂地说道，“不要埋怨爸爸这么严厉，你们必须在太阳出来之前就抓紧练好本领，等太阳出来了，其他动物也都出动了，你们再来锻炼就晚了！”

“爸爸，我们要锻炼什么本领呢？”叽叽喳仰着脖子望着撒达哈，叽叽喳喳地问道。

“逃生的本领！”

“哦，那就是要跑得快呗，这有啥好练习的。”卡拉塔觉得有些无聊。

“你说的没错，但跑得快，只是最基本的本领。”撒达哈望了卡拉塔一眼，继续说道，“其他还有许多逃生技巧，不过要等你们练好了奔跑的基本功，我才能教给你们。”

“好吧……”既然没有任何讨价还价的余地，三只小瞪羚只好乖乖地跟在爸爸屁股后面奔跑起来。

弥漫着青草和尘土气息的风儿，在耳边呼啸而过，卡拉塔感觉自己就像一名运动健将，跑得好爽啊！他从没想过，自己竟然会跑得这么快，都赶得上家里那辆小轿车的速度了！

茫茫的大草原上，一大三小四个奔腾的身影，划出了一道道蜿蜒而又流畅的线条，那是飞扬的尘土在草地上留下的长长印记。

“不行了，我跑不动啦！”不知跑了多久，他们跑到了一棵大树下，卡拉塔忽然一个紧急刹车，气喘如牛地停下了脚步。

“不许停下来，继续跑！”撒达哈满脸怒色地冲到卡拉塔面前，用前蹄重重地捶打着地面，大声咆哮起来。

卡拉塔万没想到，瞪羚爸爸会突然变得这么凶悍，吓得他噌的一下蹦出老远，撒开四蹄又飞奔起来。

撒达哈也不跑到前面去，而是一直跟在孩子们后面，不断地催促、催促。

三只可怜的小瞪羚在父亲严厉的驱赶下，只有咬紧牙关坚持着继续往前跑。

太阳已经升起来了，草原上一片光明，各种野生动物都纷纷出现在了茂盛的草地上，有的在悠闲漫步，有的在啃食青草，有的在嬉戏打闹，有的在追逐奔跑……

卡拉塔多想跟他们一样，可以轻松自在地玩耍啊，但是身后紧盯着一位严厉无比的瞪羚爸爸呢，他发起怒来的样子那么可怕，铜铃般的眼睛好像随时都会飞射出来，让人不寒而栗，卡拉塔就算再累，也不敢停下脚步啊。

太阳的光芒越来越炙（zhì）热，三只狂奔了一早上的小瞪羚，此时已是满脸的狼狈，豆大的汗珠顺着脑门子哗啦哗啦往下淌，就连长长的睫毛也被汗水糊在了一块。累惨啦，真的都快撑不住了！

可是瞪羚爸爸撒达哈一点都不心软，还在赶着他们继续往回跑，连喘口气的机会都不给他们。

坏爸爸，对待孩子这么狠心！卡拉塔心里腾地升起一股怨气。奇怪的是，这股怨气竟好像成了卡拉塔的动力，他反而跑得更起劲了。

远远地，一个纤秀的身影正伸长着脖子，朝这边引颈眺望着。

那不是瞪羚妈妈妮娅吗？卡拉塔忽然觉得好委屈呀，他鼻子一酸，眼眶也湿润起来了。

“妈妈——妈妈——”卡拉塔鼓足全力，撒开蹄子向妮娅奔跑过去，希望能在瞪羚妈妈温暖的怀抱中找到一丝安慰。

眼看着就快要扑进妈妈怀抱了，这时一个意想不到的情景发生了：就在卡拉塔飞奔到跟前的时候，母瞪羚妮娅突然一个转身，朝一旁飞跃出去，紧绷的腿部肌肉，在空中划出了一道漂亮的弧线，然后噌噌噌跑了几步，远远地站定在那里，像尊雕塑般面无表情地望着三个孩子。

妈妈？怎么了？卡拉塔愣了一下，但马上又醒悟过来了：妈妈一定是在逗他们玩呢！于是立即调转方向，向着妈妈的怀抱继续扑过去。

万万没想到的是，当三只小瞪羚再次跑到跟前的时候，妮娅又猛然转身朝另一个方向跑去，把三个筋疲力尽的孩子冷冷地抛在了原地。

“妈妈，你干什么呀！别跑嘛，我不喜欢你这样！”卡拉塔的倔劲突然就上来了，他憋（biē）着一张通红的小脸，硬撑着最后一点力气，再次向瞪羚妈妈追过去。

他非要把瞪羚妈妈追上不可！

但是他满心期待的温存场面并没有发生，瞪羚妈妈妮娅还是在卡拉塔即将跑到跟前的时候，毫不犹豫地转身又跑走了。

“哇——”卡拉塔再也憋不住了，满腹的委屈终于像决堤的洪水般倾泻而出，他扑通一声跪倒在地上，一边大声哭泣，一边翻身在草地上打起滚来。

嘀嘀嗒和叽叽喳也跑到了卡拉塔的身边，手足无措地望着自己的同胞兄弟，一时不知该怎么才好。

“嘀嘀嗒——，妈妈——，不喜欢我们——”卡拉塔抽噎着，面对着蓝天摊开四肢，心里充满了失落和伤感。

“傻孩子，你们的妈妈是在考验你们呢！”瞪羚爸爸撒达哈来到了三个孩子身旁，刚才还凶巴巴的脸上忽然绽（zhàn）开了亲切的笑容。

“考验——我们？”卡拉塔一骨碌坐了起来，脸上还挂着泪珠。

“是啊，宝贝们，你们是我最疼爱的孩子，我怎么可能不要你们呢？”瞪羚妈妈迈着优美的小碎步，哒哒哒地跑回了孩子

们的身边。

这才像我的妈妈嘛！看到和蔼可亲的妮娅终于又回来了，卡拉塔不禁破涕为笑。嘀嘀嗒和叽叽喳也在一旁开心得又蹦又跳。

“孩子们，为什么我要一大清早就逼你们起来跑步？为什么妮娅妈妈一次一次地故意逃开？”撒达哈望向草原前方，眼神坚定地说，“就是为了要你们明白一个道理：在这非洲大草原上，你必须跑得比别人更快，才能得到你想要的东西，包括生存的机会！”

“是啊，**狮子**、猎豹、鬣狗都是跑步健将，如果不比他们跑得快，就随时有可能被他们吃掉！”妮娅的表情也严肃起来。

狮子是非洲最大的猫科动物，它们躯体均匀，四肢有力，头大而圆，脸型颇宽，视觉、听觉和嗅觉都很发达，它们还有尖锐的牙齿和锋利的爪子，因此是非洲大草原上的顶级猎食者，有“万兽之王”之称，会捕食眼前见到的一切猎物，例如野牛、羚羊、斑马，水牛、幼象、长颈鹿、鳄鱼、河马、犀牛甚至鸟类和小型哺乳动物，都不会放过。

狮子的毛发短，体色有浅灰、黄色或茶色，雄狮还长有很长的鬃毛，长长的鬃毛一直延伸到肩部和胸部，显得十分威武。雌雄狮子分工明确，雄性负责决斗争夺领地和巡逻保卫狮群，而雌性只参与日常普通的捕猎以及哺育后代。

狮子群体的核心一般有四五只雌狮，它们从小在一起生活、成长，有着密切的血缘关系，它们会允许其他雌狮新生的幼狮吃自己的奶，这在哺乳动物中是很少见的，其他大多数哺乳动物的雌兽绝对不会容忍不是自己亲生的幼兽。

“可是妈妈，草原上有那么多的角马，还有水牛，狮子和猎豹为什么偏偏要来吃我们呢？”

“水牛和角马力气比我们瞪羚大，他们遇到危险的时候还可以抵抗一下敌人，我们更弱小，所以最好的办法就是跑，跑得越快越好！”

从那天起，三只小瞪羚变得可自觉了，根本不用爸爸撒达哈催促，他们就都早早地起床练习跑步了。

这天，撒达哈把三个小家伙叫到身边，开始给他们传授草原生存的新本领。

“叽叽喳，你不要只管着打闹、说话！记住，无论在什么时候，你们都必须注意留心四周的情况，要随时保持高度的警惕！”撒达哈说着，抬起右蹄在地上重重地捶了一下，“这是第一点。一旦发现危险情况，你们就赶紧跑，跑到距离敌人30米以外的地方。”

“只要是30米以外的地方就安全了吗？”嘀嘀嗒问。

“是的，30米是我们的安全距离，你只要和敌人始终保持这个距离，他们就追不上我们！”

“那万一他们追上来了怎么办呢？”卡拉塔全身的肌肉下意识地抽紧了，“我是说，万一他们追得很近，不到30米了，我们就肯定跑不了了吗？”

“那也未必！”撒达哈不屑地撇撇嘴，眼光中闪过一丝狡黠，“还记得你们追妈妈妮娅的情景吗？她是怎么跑开的？”

“哦哦，明白了！”三只小瞪羚齐声喊着。

卡拉塔继续补充道：“如果敌人穷追不舍，我们就用急转弯甩开他！”

“聪明！”撒达哈满意地点点头，又在地上砰砰捶了两下，“这就是我要说的第二点，紧急时刻，你们可以用突然转向的办法，来扰乱敌人的视线，让他来不及反应！”

“爸爸真棒！”三只小瞪羚由衷地喊起来，“我们学会啦！”

“好，下面我们再来学习第三点，认识一下都有哪些危险的敌人。”说着，砰砰砰捶了三下地面。

“我知道！我知道！”叽叽喳抢先喊了起来。

“那你说说，都有哪些敌人？”撒达哈用鼓励的眼神望着叽叽喳。

“狮子！猎豹！鬣狗！”

“说得没错！狮子是最凶猛的敌人，他们力大无比，下手最狠，所以要尽量远离他们，离得越远越好！而猎豹呢，是最可怕的敌人……”

“为什么是猎豹最可怕呢，难道比狮子还可怕？”卡拉塔有些不解。

“因为猎豹跑得快啊，有时候他们甚至跑得比我们还快，而且耐力还特别好，所以千万别被他们盯上了！”说到这里，撒达哈露出了一副鄙夷的神情，“不过呢，最恶心的敌人，要算鬣狗了！”

猎豹是一种猫科动物，也是非洲大草原上的重要肉食动物之一，它们的主要食物就是各种羚羊，但是每次只捕杀一只猎物。

猎豹长得很漂亮，全身布满了黑色的斑点；从嘴角到眼角还有一道黑色的条纹，尾巴末端的三分之一部位有黑色的环纹；后颈部的毛比较长，好像很短的鬃毛一样。猎豹的体型纤细，腿长头小，脊椎骨十分柔软，容易弯曲，像一根大弹簧。身体的特殊结构使猎豹非常适合奔跑，因此跑起来速度极快。奔跑时候前肢和后肢都在用力，而且身体也在奔跑时一起一伏；在急转弯时，大尾巴可以起到平衡的作用，不至于摔倒。

野外猎豹的寿命一般是15年，主要分布在非洲等地。猎豹虽然是捕猎者，但它们的成活率其实也很低，因为有三分之二的幼豹，会在一岁之前就被狮子、鬣狗等咬死或因食物不足而饿死。

鬣狗是一种长相非常丑陋的肉食动物，它们的外形有点像狗，但头部要比狗短而圆，身上的毛是棕黄色或棕褐色的，有许多不规则的黑褐色斑点。由于鬣狗的后半身低于前半身，所以走路和奔跑的姿势看上去很不雅观。

不过，鬣狗跑起来也是相当迅速而且有耐力的，它们的奔跑速度每小时可达50～60千米，而且跑很长的距离都不会累。依靠发达的嗅觉和强健的颚齿，鬣狗总是喜欢寻觅腐肉类食物。

鬣狗平时以群体行动，一个群体从十几只到几十只不等，由一只体格健壮的雌鬣狗担任首领；但同时，鬣狗们也有相当大的自由，经常会独来独往，单独狩猎，这样就可以独享自己捕来的食物。鬣狗能发出十多种叫声，这些令人感到毛骨悚然的奇特叫声是它们与同伴联系的方式。鬣狗的平均寿命为14年左右。

“嗯嗯，鬣狗长得实在太丑了！而且叫起来的声音也毛骨悚（sǒng）然的。”卡拉塔使劲点头。

“长得丑不是他们的罪过，恶心的是他们袭击猎物的方式，他们不咬脖子、不咬大腿，而是喜欢从猎物的屁股开始啃咬，他们甚至还给这种下作的猎食方式取了个名字叫作‘掏肛’！”

“咦！真的恶心死了！”三只小瞪羚忍不住齐声叫唤。

“不过你们记住，遇到单枪匹马的鬣狗不用害怕，因为他根本跑不过我们瞪羚；但是遇到成群的鬣狗，你们可就要十分小心了。”

正说着，远处忽然传来一阵可怕的嚎叫声，三只小瞪羚顿时吓得四散逃窜。

“别怕！回来，回来！”撒达哈轻声呼唤受惊的孩子们，一边安慰一边提醒道，“刚才不是教过你们了？30米以外的都是安全距离，你们不要瞎跑，那会浪费体力的。注意，保存体力对我们来说也很重要。”

三只惊魂未定的小瞪羚这才跑回了父亲身边。

“我们的敌人还不仅仅是狮子、猎豹和鬣狗。当你穿过树林的时候，要特别提防巨蟒（mǎng），一旦被他们缠住，就会被毫不留情地绞杀；还有，去湖边喝水的时候，还得小心潜伏在水里的另一个敌人——鳄鱼。”

蟒蛇是当今世界上较原始的蛇种之一，主要生活在热带雨林和亚热带潮湿的森林中。非洲大草原上的巨蟒，基本生活在沼泽湖泊边的小树林里，它们的食物比较广泛，主要以鸟类、鼠类、小野兽及爬行动物和两栖动物为食，当然有机会的话，像瞪羚这样个头不小的动物它们也是不会放过的。

蟒蛇的牙齿十分尖锐，猎食动作迅速准确，但它们的牙齿无毒，因此蟒蛇最有杀伤力的武器并不是它的牙齿，而是它们又粗又长的身躯。蟒蛇的身躯十分有力，一旦被它们缠上，那就难逃厄运了。

为了保护自己孵卵的窝，母蟒会张开口露出牙齿，盘绕在几十枚卵上，随时准备噬咬敢于来犯之敌。

鳄鱼并不是鱼，而是一种冷血的卵生脊椎类爬行动物。之所以叫它“鳄鱼”，是因为它们能像鱼一样在水中生活。鳄鱼是一种非常古老的动物，最早出现于大约两亿年前的三叠纪至白垩纪的中生代，是和恐龙同时代的动物，所以是迄今发现活着的最早和最原始的动物之一。

鳄鱼是肉食动物，性情凶猛，颚部强而有力，口中长有许多锥形牙齿，可以轻易撕碎其他小动物。鳄鱼脸长、嘴长，长相也挺难看的，它的身体又笨又重，皮厚带有鳞片，腿很短，爪趾间有蹼，所以能游水。

虽然鳄鱼不讨人喜欢，但它们对自己的孩子却是非常尽心尽责的，雌鳄鱼每次可生几十甚至上百个鳄鱼蛋，然后就守候在巢穴边上，不时地甩尾巴洒水，让卵巢保持湿润，直到小鳄鱼全部孵化出来。

鳄鱼喜欢吃鱼、虾、蟹、蛙、龟、鳖等，在食物匮乏季节的非洲大草原上，鳄鱼也会攻击路过的瞪羚等哺乳动物。

听到凶残的鳄鱼，小瞪羚们禁不住瑟瑟发抖。

“水里好像还有犀牛跟河马，也很可怕的……”

“哦，这些动物你们不用害怕，虽然他们的样子长得有些可怕，但其实他们的性情很温和，不会吃我们的。有时候，当我们遇到鳄鱼的威胁，他们还会站出来打抱不平呢！”

“原来犀牛跟河马都这么好哇！”

“是啊，孩子们，假如你的敌人已经追到了你面前，也不要害怕，一定要沉着应对，方法其实还有很多的，现在让我再来教你们几招。”说着，撒达哈用蹄子在地上咚咚咚擂了一通，神情凝重地向孩子们比画起了各种姿势，“比如这样，用你的后蹄

河马是一种大型的杂食性哺乳类动物，生活于非洲热带水草丰盛地区，常由10余只组成群体，有时也能结成上百只的大群。

河马的体型庞大而拙笨，因为四肢特别短，所以个头比较矮，它们长着一个粗硕的头和一张特别大的嘴，还有一对小小的圆眼睛和一个肥肥的大屁股，模样特别憨厚。不过河马也有脾气暴躁的时候，它的大嘴巴足可以张开呈90度角，嘴里的牙齿也很大，门齿和犬齿都是獠牙状的，是进攻的主要武器。假如有谁侵犯了它们的地盘，河马就会毫不客气地进行攻击。

河马非常擅长游泳，它们整天浸泡在水中，不是在睡觉，就是在吃水草。虽然它们的躯体很笨重，但河马的皮格外厚，皮的里面是一层厚厚的脂肪，所以在水中仍然可以毫不费力地浮起来。

河马的寿命挺长，有30～40年。

奋力铲土，把尘土踢到敌人的眼睛里；或者这样，用你头上的尖角，去顶敌人的双眼；再不行，还有这一招……”

说完，撒达哈闭上眼睛，侧身往地上一躺，仿佛昏死过去。

“哈哈，装死呀……”卡拉塔、嘀嘀嗒和叽叽喳都开心地大笑起来。

四　大迁徙前的晚餐

卡拉塔、嘀嘀嗒和叽叽喳再也没有偷懒过一次，他们在瞪羚爸爸撒达哈的严格训练下，每天刻苦锻炼，很快就学会了各种对付敌人的本领，成了草原上的跑步健将。

“孩子们，你们进步得真快呀！”瞪羚妈妈妮娅在一旁见了，高兴得满脸绽开了花，“来，大家休息一下，我带你们去吃好东西！”

“好啊！好啊！”听说有好东西吃，卡拉塔浑身就来劲。

在妮娅妈妈的带领下，孩子们一路欢笑着向远处的一片小山坡跑去。

那片山坡地势有点高，远远望去，只能看到坡顶长满了高高的茅草，根本看不到山坡那边的情况。万一山那边有狮子或者猎豹呢？那多可怕呀！所以，没有大人的带领，小瞪羚们都不敢随便跑到那里去玩耍。

不过有妮娅妈妈在前边带路，小伙伴们就放心啦！他们甩开四肢向前飞奔，草地上霎时划出了一道道漂亮的弧线。

不一会儿，妮娅和她的孩子们就越上了坡顶。

山坡下，还是一眼望不到尽头的草地，但是在草地上，东一株，西一株，生长着许多奇奇怪怪的大树，在那些大树下面，还有一片片金黄色的云彩，就像朦胧的金丝纱巾，轻柔地缠绕在大树的周围，静静地铺洒在绿毯般的草地上。

“哇！那是什么呀？太美了！”小瞪羚们瞪大了惊喜的眼睛。

“那是**金合欢树**，它的叶子和花朵味道都十分鲜美的……”妮娅话音未落，卡拉塔早已按捺不住兴奋，高高地纵身跃起，沿着山坡向下飞速俯冲而去。嘀嘀嗒和叽叽喳也不甘示弱，在后面紧随而去。

“小心点，金合欢的叶子上有刺，会扎嘴的！”妮娅大声叮

金合欢树是一种带刺的落叶灌木或小乔木，花朵黄色，非常香，远远望去就像美丽的云彩，一片金黄璀璨；走近之后，就能看见细小的叶子和金黄色的小花球，毛茸茸的十分可爱。

金合欢树叶是羚羊爱吃的一种食物，为了保护自己不被太多的羚羊蚕食，金合欢树也有自己的独特招数。那就是在碰到危险时，叶子中有毒的单宁酸含量会大大增加，当单宁酸浓度达到一定程度的时候，甚至会毒死吃食树叶的羚羊；同时，金合欢树还会释放出无色的乙烯气体，气体随风飘到附近的金合欢树，那些树就能接收到危险信号，也赶紧增加自己体内的单宁酸浓度。

不过，羚羊面对金合欢树的这一绝招，也很有对付的办法，它们只在同一棵树上吃不超过10分钟时间的叶子，然后就逆风方向找另外一棵树再吃，这样金合欢树就来不及通风报信，通过增加体内的单宁酸来抵抗羚羊啦。

金合欢树不仅在非洲草原上有，在热带美洲和澳大利亚也有生长。

嘱着，无奈地摇了摇头。

三只小瞪羚眨眼间冲到了那些金黄色的云霞跟前，仔细一看，哦，原来这是一丛丛茂密的灌木呀！那些细小的叶子，长得就像含羞草一样；上面开满了一朵朵圆圆的金色小花球，毛茸茸的可爱极了；一股浓浓的花香，随着微风扑鼻而来，瞬间就把卡拉塔的馋虫给勾出来啦！

“小心，上面有刺！”嘀嘀嗒看到金合欢的枝叶间长满了尖尖的长刺，赶紧提醒张开小嘴正要开吃的卡拉塔。

“放心啦，我不会被它们刺到的！”说着，卡拉塔伸出灵巧的舌头，把枝头上的嫩叶哗啦哗啦卷进口中，美美地嚼了起来。

当瞪羚妈妈妮娅跑下山坡，来到跟前时，三只小瞪羚早已在金灿灿的灌木丛中吃得天昏地暗了。

“孩子们，别只顾着吃金合欢呀，你们看，这地上大片的青草，也是很有营养的美食呢！”妮娅招呼着孩子们。

卡拉塔听说满地的青草也是美味，马上噔噔噔跑到瞪羚妈妈身边，学着妮娅的样子，啃食起了那绿油油的青草。

真没想到，这些草儿嫩嫩的、脆脆的，嚼起来满口清香，真是鲜爽多汁呀！

“妈妈，那些是什么树啊？上面挂着好多果子呢！”叽叽喳香肠树是非洲大草原上非常有意思的一种树木，这种树木通常长得很高大，起码有20多米，灰色的树干表面光溜溜的，非常光滑。最特别的是，树上长满了形状非常像香肠的果实，不过这些果实个头都很大，长度有30～100厘米，宽18厘米，每个果实的重量可达5～10千克，挂在高高的树上非常诱人。

香肠树的果实味道香甜可口，是很多哺乳动物爱吃的食物，但只有像狒狒、大猩猩这样擅长攀爬的动物，才有口福吃到这些巨大的“香肠”果。

香肠树是一种挺聪明的树木。它的花朵通常在傍晚后才开放，并释放出老鼠那样的气味，可以引来蝙蝠吸食花蜜和花粉，从而帮助它们完成授粉；而且香肠树的花朵通常向一侧弯曲，着生于老枝上，这样就可以方便喜欢倒挂在树上的蝙蝠前来采蜜传粉了。

在耳边叽叽喳喳地叫了起来。卡拉塔抬头望去，前方果然有一株参天大树，上面挂满了一串串香肠般的果实。

“那是**香肠树**……”妮娅刚刚报出树名，卡拉塔就腾的一下来了精神，他难以置信地盯着那满树的香肠，将信将疑地问道：“树上真的会长香肠？！”

“当然不是啦，这些果实虽然看上去像香肠，但味道跟香肠可不一样哦，这些果实的味道是甜甜的。”妮娅笑了起来，“不过，它们散发出来的味道可不好闻哦，像老鼠一样臭臭的，这样才能吸引成群的蝙蝠来给它们传授花粉。”

一想到老鼠脏兮兮的样子，卡拉塔对那满树的“香肠”瞬间就没了胃口。

“妈妈，妈妈，那株又是什么树

呢？”叽叽喳很快又发现了新大陆。

卡拉塔转头一看，嚯！这棵大树更有派头，那树干又粗又壮，像个大烟囱（cōng）似的，烟囱顶上，是奇形怪状的树杈，就好像是一把把树根长在了树顶上。在葱茏翠绿的树叶间，结满了一个个巨大的果实，那样子很像一个个足球。

“哦，这是**猴面包树**，你们看它的树干多么粗壮啊，里面贮存着几千千克水呢，所以这种树被人类称作‘草原上的贮（zhù）水塔’！”妮娅抬头望了一眼，笑着说。

“为什么要叫它‘猴面包树’呢？长得根本不像猴子和面包呀？”叽叽喳仍是满腹疑问。

“因为树上的那些果实甘甜多汁，猴子、猩猩和大象都可喜欢

猴面包树是非洲大草原上一种大型的落叶乔木，又叫波巴布树、猢狲木或酸瓠树。

猴面包树的样子非常奇特，树冠巨大，树形壮观，树杈千奇百怪，很像树根。它的果实巨大如足球，甘甜汁多，是猴子、猩猩、大象等动物最喜欢的食物。当果实成熟时，猴子就会成群结队而来，爬上树去摘果子吃，“猴面包树”的名称就是这样来的。

猴面包树的树干也很特殊，木质疏松多孔，对着树干开一枪，子弹能轻松穿透过去。这种木质有利于储水，因此猴面包树又被称为“草原上的贮水塔”。

猴面包树还是植物界的老寿星之一，即使在热带草原那种干旱恶劣的环境中，寿命仍可达5000年左右。除了非洲，地中海、大西洋和印度洋诸岛及澳洲北部也有猴面包树分布。

吃了，所以人们就叫它‘猴面包树’了。”

“那么大的果子，好想吃啊……”卡拉塔被妮娅妈妈说得又流口水了。

“可是我们个子不够高呀，又不像猴子那样会爬树。”嘀嘀嗒充满了惋惜地说道。

“是呀，好可惜，真没口福！还是安心吃我们的草儿吧！”卡拉塔悻悻地低下头，继续啃起了青草。

雨季渐渐向北转移，南方的气候开始干旱起来。暴晒的烈日之下，地上的青草越来越少了，大草原慢慢变得一片枯黄；而北方的草原却迎来了一年中最为丰沛的降雨时节，连绵不断的倾盆大雨，将百草滋润得分外丰盛肥美。

北风中传来了阵阵青草的芬芳，“弹尽粮绝”的动物们，开始陆续向北方迁徙。

一幅气势磅礴的景象，在日渐枯黄的辽阔大草原上壮丽呈现：成千上万头角马和斑马，组成了一支规模巨大的迁徙队伍，由南往北浩浩荡荡地推移，黑压压地望不到尽头，奔腾的马蹄声，似汹涌的滚雷般响彻天际。在迁徙队伍的周围，狮子、猎豹、鬣狗等猛兽也在徘徊着、追逐着，伺机对迁徙的动物发起一场场致命的追击和猎杀。

随着大迁徙队伍的渐渐远去，昔日喧闹无比的大草原，慢慢安静下来。

“妈妈，斑马怎么都不见了呀，他们都去哪里了？”叽叽喳瞪着圆圆的眼睛，好奇地问道。

“他们开始大迁徙了呀。”

“为什么要大迁徙呀？”

“这个问题比较大，那我先来问问你，我们大草原上什么动物最多呀？”妮娅耐心地诱导起来。

“最多的动物呀？应该是角马、斑马……”叽叽喳扳着指头数了起来，“对了，还有我们瞪羚！”

“没错！整个非洲大草原上，有150多万头角马、30多万头斑马和50多万头瞪羚，还有许许多多的水牛、大象、长颈鹿、狒狒、河马。这么多的动物都得以吃草为生，可是热带草原上的气候呀，雨季和旱季又是非常分明的：雨季的时候，草地长得很茂盛，大家都不愁吃的；但旱季的时候，天上滴雨不落，地上的草儿就都枯死了。”妮娅指着枯黄的草地说，“所以，大家就只能跟着雨季不断地搬家，哪儿青草茂盛就往哪儿迁徙了。”

“那斑马都已经走了，角马们也都在准备上路了，我们干吗还不走呀？赶紧上路吧！”嘀嘀嗒心急起来。

“别担心！那是因为斑马的性子最急，他们喜欢吃青草的尖尖头，生怕晚了吃不到，所以总是抢在前面出发。”

“是啊，角马的胃口那么大，如果跟在他们后面，草儿一定都会被吃光的！”卡拉塔也着急起来，“那快走吧？再不出发，我们就没东西吃啦！”

“所以嘛，我们就索性再晚点出发好了，这样被角马吃过的草地刚好又会长出嫩草来，口感反而更加鲜嫩呢！”

“妈妈真聪明！”三只小瞪羚这下放心了。

“哈哈，不是妈妈聪明，这是我们瞪羚家族祖祖辈辈传下来的好经验！”

由大批斑马、角马和长颈鹿组成的迁徙队伍，终于浩浩荡荡地开向北方，许多瞪羚也陆续踏上了迁徙之路，而那些虎视眈眈的狮子和猎豹们，也紧随着食草动物的大部队踏上了征程。

“孩子们，准备好了吗？我们也要开始往北方草原进发了！”撒达哈把孩子们叫到了身边。

“准备好了！爸爸！”三只小瞪羚兴奋地喊道。

“那好，趁着天黑之前，你们再去湖边那片沼泽地里饱餐一顿吧。明天一早，我们就出发！”

“好的！爸爸！”三只小瞪羚立即转身，向着那片即将干涸的季节性湖泊沼泽跑去。

日落前的天空中，五彩的晚霞就像一道道华美的织锦，将遥远的天际渲染得分外绚丽；金色的夕阳仿佛为大地涂上了一层绚烂的色彩，使大草原变得格外壮观辽阔。深藏在草原之中的湖泊沼泽湿地，早已被连日的骄阳炙烤得只剩下了小小的一块水畦（qí），但就是这块水畦，在落日余晖的照射下，竟变成了一块耀眼的明镜，散发着一种神秘而又充满魔力的气息。

水畦边的沼泽里，还残留着一丛丛的荒草，有的甚至还长得非常茂盛，仿佛要在旱季彻底到来之前，再让自己的生命努力地辉煌一次。

三只小瞪羚欢快地冲进草丛，放开肚子大吃起来。爸爸已经交代过了，一定要在明天上路之前，把小肚皮吃得饱饱的！

卡拉塔看到水畦边有一丛青草长得特别肥美茂盛，他心头一喜，噔噔噔跑过去开心地吃了起来。吃着吃着，没想到突然感觉头晕目眩，天旋地转，他还来不及呼救，就嗵的一声，一头栽进了水畦之中。

“不好，卡拉塔跌到湖里去了！”正在一边吃着青草的嘀嘀嗒和叽叽喳听到落水声，跑过来一看，不禁大吃一惊！他俩赶紧扑向岸边，嘀嘀嗒一口咬住了卡拉塔那短短的尾巴，使劲地往岸上拽，可倒栽在水中的卡拉塔是那么的沉重，嘀嘀嗒根本没办法把他拉上岸来。

卡拉塔在水中下意识地挣扎起来，嘀嘀嗒也一点一点地被拖得往下滑。叽叽喳见状，焦急地喊："小哥哥，你不要动啦！"说着就扑过去帮嘀嘀嗒。

就在这危急的刹那，嘀嘀嗒腾起一对有力的前蹄，奋力向下一蹬，双蹄狠狠插进了岸边的沼泽之中。终于不再往下滑了。

"叽叽喳，快！快去找爸爸帮忙！"嘀嘀嗒一边使劲咬住卡拉塔的尾巴，不让他彻底滑进水里，一边口齿不清地喊道。

"好的，大哥哥，你一定要坚持住啊，我这就去喊爸爸妈妈，一起来救小哥哥！"叽叽喳说着，跳起身子，一溜烟地跑回去了。

很快，撒达哈和妮娅就心急火燎地赶过来了。这时的嘀嘀嗒，累得腮帮子都快掉下来了！

五　绝不离弃一家人

叽叽喳带着撒达哈和妮娅回到那沼泽地中的那最后一片水畦边，看到眼前那惊险的一幕，妮娅禁不住惊叫一声，而撒达哈早已像一支离弦之箭，嗖的一下飞向了正处在绝境之中的两个孩子。

“好样的！嘀嘀嗒，别松口！”撒达哈高喊着，没有任何的犹豫，扑通一声就跃入了水中，湖水霎时又被搅得一片浑浊。

撒达哈奋力划动着四肢，三下两下，就游到了卡拉塔身边。他用头拱住卡拉塔的身体，对着岸上高喊：“我数一二三，妮娅，你和孩子们一起用力，把卡拉塔拽上去！”

“好！”妮娅和叽叽喳这时也已经跑到岸边，和嘀嘀嗒一起紧紧拉住了半个身子浸在水中的卡拉塔。

“一，二，三，起！”随着撒达哈一声低沉的吼声，瞪羚一家齐心协力，终于把卡拉塔安全地拉出了水畦。

“呼——”嘀嘀嗒长长地吁出一口气，一屁股跌坐在了地上，浑身酸疼得好像快要散架了。叽叽喳跑到他身边，不断地用头蹭着嘀嘀嗒，敬佩地说：“大哥哥真勇敢！大哥哥真勇敢！”

妮娅万分心焦地守护在卡拉塔身边，她抬头对撒达哈说：“卡拉塔好像呛(qiàng) 到水了，得赶紧把他胃里的水弄出来！”

“别慌！”撒达哈说着，几步走到卡拉塔身边，弯曲四肢蹲了下来，“你们把他抬到我背上，我背着他跑几步，就能把他的水颠出来。”

听瞪羚爸爸这么一说，嘀嘀嗒立即翻身从地上爬起来，与妮娅和叽叽喳一起，把卡拉塔推到了撒达哈背上。

撒达哈驮着卡拉塔站立起来，噔噔噔地迈开了不徐不疾的步伐，妮娅和两个孩子紧随其后，瞪羚一家向着平时栖身的草地跑去。

没跑多远，在瞪羚爸爸背上被颠得七荤八素的卡拉塔，就哇哇地吐出了好多水，然后慢慢地睁开了眼睛。

“醒啦？”撒达哈并没有停下脚步，“你怎么会掉进水里去的呢？”

“我也不知道啊。”卡拉塔只觉得胃里翻江倒海一般，他有气无力道，“我就觉得水边的草特别好，没想到刚吃了几口，头就一阵发昏，然后就不知道了……”

“然后你就掉进水里去了！”叽叽喳在一旁补充道。

“孩子爸，我看咱们得另外找个栖身的地方了。”妮娅紧跑几

步，追上了撒达哈。

“是啊，卡拉塔现在这个样子，一旦有紧急情况，我们根本没办法迅速撤离。”

“我想到了一个好地方，那边比较安全的！”妮娅两眼放光。

“哪里？”撒达哈停下了脚步。

“金合欢灌木丛，前些天我刚带孩子们去过。那里的野草长得特别高，而且金合欢长满了棘刺，肉食动物很少去那里！”

“好，那我们就去那边！”瞪羚一家转身向远处的山坡跑去。

非洲大草原上的气候真是说变就变，几天前，当雨季还没有彻底北移的时候，山坡下还是一片生机勃勃的美丽景象。随着旱季的到来，这里竟转眼就变成了这样一番萧瑟凄凉的模样：一望无际的草地，早已被连日的骄阳晒成了焦黄焦黄的枯草场；那些曾经挂满果子的猴面包树和香肠树，都只剩下了一株株光秃秃的树干，青翠茂密的树叶和诱人的果实都不知去了哪里；像金色云彩一样铺满草地的金合欢树，也都变成了一丛丛干枯的荆棘，几乎快被高高的干草给彻底覆盖了。

妮娅快速地奔跑在前头，在一人多高的枯草丛中分开一条小路，撒达哈和小瞪羚们紧随其后，他们在枯草场里转了好几道弯，最后妮娅把大家带到了一株猴面包树下。

这里的枯草特别浓密，周围布满了成片干枯的金合欢树丛。

撒达哈望了望四周，满意地说：“这里确实不错，很隐蔽，也很安全。”

天色很快转黑，早已被惊吓和奔波折腾得精疲力竭的三只小瞪羚，哪里还抵挡得住困倦的袭击，一趴倒在地上，就都呼呼呼地睡着了。

“孩子妈，天不早了，我们也抓紧时间休息吧。”撒达哈说着，也在枯草堆上躺了下来。

“哦，你先睡吧，我睡不着。”妮娅眼睛红红的，蹲守在卡拉塔身边，时不时地用舌头舔一下卡拉塔的脸颊（jiá）。

深夜，睡得迷迷糊糊的卡拉塔忽然被一阵强烈的腹部胀痛给疼醒了，咩——咩——咩——，他忍不住难受地哼哼起来。

“怎么啦，宝贝，你哪里不舒服？”刚刚有点睡意的妮娅，听到卡拉塔的叫唤声，蓦地一下就惊醒了。

“肚子……痛……头……晕……”卡拉塔的身体开始不由自主地抽搐（chù）起来，额头上沁（qìn）满了汗水。

妮娅焦急万分地站了起来，伸出脖子，用自己的脸颊贴了贴卡拉塔的额头。

“啊呀，好烫！发高烧了！”说着，她伸出长长的舌头，在卡拉塔的脸上用力舔舐起来。

妮娅妈妈舔啊舔啊，希望能把卡拉塔的体温给降下来。可是，舔了好久，卡拉塔的身体还是滚烫滚烫的。

卡拉塔感觉自己的灵魂好像从身体里慢慢飘浮起来，飘浮起来，不知飘向了哪里……

“宝贝，醒醒，快醒醒！”妮娅发现卡拉塔渐渐陷入了昏睡，不禁手足无措，“孩子爸！孩子爸！卡拉塔昏迷了！”

妮娅心急如焚的叫喊声，就像一只看不见的利爪，一下子就把睡梦中的撒达哈和两只小瞪羚给拎了起来。

撒达哈起身试了试卡拉塔的体温，果然十分烫手。

“卡拉塔，卡拉塔，你快醒醒！”嘀嘀嗒叫唤。

“小哥哥，小哥哥，你别睡啦！”叽叽喳叫唤。

“这样不行，得马上找医生来看看！”撒达哈腾的一下蹦了起来，“妮娅，你看着孩子们，我去找找库都，他们应该还没有上路。”

听说小瞪羚卡拉塔发烧昏迷了，正在为大迁徙连夜准备行装的角马医生库都，丢下行囊就跟着撒达哈来了。

“他这应该是中了邪毒！”检查了一番后，库都紧锁着的眉头，不知不觉间皱得更紧了，“他这阵子去过哪里了？都跟谁接触过了？”

“也没去过哪里。”撒达哈解释道，“就是今天下午，他们兄弟几个去湖边沼泽地里吃草，吃着吃着，卡拉塔突然头脑发晕，摔进了水里，差点就没救了……”

“哦，那就是了，一定是中邪毒了！这种情况之前也发生过几次的。”

“那，那怎么办呢？”妮娅坐立不安地问。

“这个，现在好像还没有办法。”角马库都无奈地摊开了双手。

第二天清晨，当阳光热烘烘地照射在脸上时，卡拉塔终于从睡梦中醒来，但是他万分沮丧地发现，自己竟完全变成木僵状态，无法自由行动了。一只烦人的小瓢虫从枯草间嗡嗡嗡地飞过来，卡拉塔想赶跑它，可是他的身体好像根本不是自己的，已经完全不听使唤。

调皮的小瓢虫却仿佛有意要跟他作对似的，直奔卡拉塔的脑门子飞了过来，啪的一下，索性停在了卡拉塔的额头上。

走开！走开！卡拉塔心里大声呼喊着，却一点也发不出声音，甚至连眼珠子也不会转动了。

“妈妈！妈妈！小哥哥的眼睛张着呢！”叽叽喳稚嫩的声音在耳边响起，卡拉塔看不到弟弟的身影，却能感受到他就在自己的身旁。

“唉！眼睛睁着有什么用啊，他已经失去知觉了！”是瞪羚爸爸撒达哈的叹息声，“库都医生已经说了，这是中了邪毒，没办法醒过来了！”

没有啊，我没有失去知觉啊！我能听到你们的讲话！卡拉塔的灵魂在拼命呼叫，但这个鲜活的灵魂却好像被无情地锁进了一个彻底麻痹（bì）的身体里，连睫毛都不会颤动一下。

“我可怜的卡拉塔啊！这可怎么办才好呀？”妮娅妈妈失声痛哭起来。

“唉！马上要大迁徙了，卡拉塔这个样子，还怎么走哇？”撒达哈又是一声叹息。

大迁徙！对哦，马上就要大迁徙了！卡拉塔的心猛地被揪了一下，我不会被抛弃在这荒凉的大草原上吧？！想到这里，他顿时慌乱无比。

嘀嘀嗒！嘀嘀嗒呢？快来救救我呀！

“不会的，卡拉塔会醒的！”是嘀嘀嗒的声音！“既然他的眼睛还睁着，那他一定会再醒过来的！”

“对对！嘀嘀嗒说得对！我们不能失去信心！”撒达哈又恢复了那份坚定。

“嗯嗯！宝贝，我每天给你唱歌，直到把你唱醒过来为止！”妮娅也擦干了眼泪。

“小哥哥，小哥哥，我要每天在你耳边说话，你别嫌我烦哦！”叽叽喳也喊了起来。

虽然撒达哈一家满怀着信心，每天都在卡拉塔的耳边不断地说着话、唱着歌，但似乎一点效果也没有。卡拉塔就像是一尊睁着眼睛的木头雕塑，躺在那里一动也不会动。

天上已经好久都没有落下过一滴雨水了，难耐的热浪终于席卷了整个南部非洲的大草原，草地上那些早已发黄的枯草，也被即将离开大草原的动物们啃得光秃秃的了，而新鲜的草儿，不知何时才能再长出来。

剩下的草食动物们也纷纷上路，开始了漫长的大迁徙。

好心的角马医生库都在临走之前，再次赶来探望了卡拉塔。

“作为医生，我必须对你们说实话，你们的孩子情况一点也没有好转。”他翻了翻卡拉塔的眼皮，有些失望地摇了摇头。

听到库都医生的这番话，卡拉塔的心哗的一下沉到了谷底。

这时，库都似乎又有些于心不忍地补充了一句："但是他的眼睛始终这么张着，又似乎不是百分之百的没有希望……"说完，留下一些草药，让妮娅嚼碎了试着喂给卡拉塔，希望能出现奇迹。

库都医生前脚刚走，瞪羚鲁拉后脚也跑来了。

"孩子情况怎么样了，有好点吗？"鲁拉探过脑袋，关切地察看着卡拉塔的脸色。

卡拉塔甚至能够感受到鲁拉阿姨热烘烘的鼻息喷到了自己的脸上。他多想对着鲁拉阿姨说一声谢谢，但是他完全动弹不了，更说不了话。

"撒达哈，妮娅，我们过几天就要动身向北了，你们打算什么时候出发啊？"

"卡拉塔的情况你也看到了，带着他我们根本没办法上路。"妮娅的语气十分沉重。

"那……你们……"鲁拉似乎猜到了什么。

"是的，我们商量过了。"撒达哈低沉的声音传进了卡拉塔耳中，"我们决定不参加大迁徙了，留下来照顾卡拉塔。"

"什么？不参加大迁徙？"鲁拉十分震惊，"不参加大迁徙意味着什么，你们很清楚吧！卡拉塔变成这样，大家都很心痛，但是你们也得冷静地做决定啊！千万不能感情用事，你们还有两个孩子呢，那样对他们公平吗？”

“可我们总不能就这样丢下卡拉塔吧！”妮娅忍不住又痛哭起来。

“谢谢你，鲁拉，你说的没错。”撒达哈的语气依然是那么的沉着而坚定，“但我们是一家人，无论遇到什么情况，我们都绝不离弃！”

六　艰难的留守

大批的草食动物已经踏上了迁徙之路，那些以捕猎草食动物为生的猛兽，也都紧随着迁徙的大部队往北而去，草原上顿时变得一片寂静，只有几只眼神犀利的秃鹫（jiù），还在枯黄的草地上空来回盘旋着，似乎想在枯木乱草间发现一些动物的残尸腐肉。

“我们得在沼泽地彻底干涸之前，抓紧时间收集尽可能多的干草和清水。”撒达哈说着，用蹄子在猴面包树的根部周围刨（páo）出了一个大坑。

“爸爸，挖这个坑干什么呢？”叽叽喳围在大坑边上，好奇地问道。

“我们把采集来的干草，先拿到沼泽湿地里去浸湿了，搬回来堆放在这里，然后再往坑里灌上水，这样我们吃喝的就都有了！”撒达哈喘着大气，从挖好的大坑里噌的一下跳了上来。

“是啊，要熬（áo）过这个旱季，我们一定要做好充足的准备。”妮娅从卡拉塔身边站了起来，对撒达哈说，“那我和你一起去采集干草吧！”

“不不，你别去了，我已经侦察过了，还有一只狮子和几只鬣狗留在草原上没走，估计是想再找找看有没有猎物。你就留下来照看卡拉塔吧，别被这些贪婪（lán）的家伙发现了！我带

孩子们去采集干草。”说着，把头一扬，“嘀嘀嗒，叽叽喳，我们出发！”

说完，他们就向着草原深处那口即将干枯的池塘奔去。

就在卡拉塔差点落水遇难的那片水畦旁，还残留着不少未被啃食掉的野草。瞪羚爸爸撒达哈和两只小瞪羚飞奔过去，在野草丛中低下头，用灵巧的舌头和坚硬的牙齿快速地收割起来。不一会儿，地上就堆起了一个高高的干草垛。

“好了，现在，我们先取一部分干草，打湿之后运回去放起来，然后再跑回来运下一趟！”

撒达哈话音刚落，就听嘀嘀嗒一声惊叫：“狮子！”

在水畦的另一边，随风摇摆的枯草之间，果然有一头瘦骨嶙峋（lín xún）的雄狮子，正眼冒绿光，直盯盯地注视着一大两小三只瞪羚，一步一步地沿着水畦边的沼泽地逼近过来。

“孩子们，快跑！记住，30米安全距离！”撒达哈大喝一声，双腿用力一蹬，身体高高地跃起。但是，他并没有转身逃跑，而是径直迎向了饿狮！

狮子的注意力霎时被撒达哈吸引，他猛然加快脚步，朝着撒达哈飞扑过来。

撒达哈突然一个紧急转身，灵巧地避开狮子，向着另一个方向跑去。

饥肠辘（lù）辘的狮子哪肯轻易放手？他也一个转身，继续向撒达哈紧逼过去。而趁着这个时候，嘀嘀嗒和叽叽喳早已跑到了安全距离之外。

撒达哈又来了几次急转弯，把狮子越引越远。然后突然站定脚步，不跑了。

烈日下，撒达哈昂首挺立在干裂的大地上，头上一对坚硬的长角，就像两把闪着寒光的尖刀，直指天空。

他曾用这对尖利的头角，击溃过无数企图偷袭他们的敌人，赢得了瞪羚界的一片赞颂；也曾用这对尖角，打败过许多竞争对手，获得了母瞪羚妮娅的青睐（lài）与爱慕。现在，他要继续用这对长在头上的尖刀，去迎击狮子的追杀，保护自己的孩子。

追了半天都没追到撒达哈的狮子，此时早已气急败坏，见这头瞪羚竟然停下脚步冷冷地看着自己，不禁急火攻心，张牙舞爪地直扑过来。

忽然，狮子的眼前扬起一股飞沙尘土，哗啦啦扑打在他的脸上，打得他一时竟看不清眼前的情景。还没等狮子反应过来，撒达哈把头一低，纵身跃了过来。那对尖利的头角，直刺向狮子的双眼！

哎哟妈呀！饿狮顿时吓出一身冷汗，急转屁股就逃。他万万没想到，这头瞪羚竟然如此勇猛，要不是自己躲得快，一双眼睛都要被戳（chuō）瞎了！

那边瞪羚爸爸撒达哈正在与饥饿的狮子斗智斗勇，这边的瞪羚妈妈妮娅，也遭遇了一场惊心动魄的危险。

撒达哈带着嘀嘀嗒和叽叽喳外出采集干草后，干枯的金合欢灌木丛下，就只剩下了无法动弹的卡拉塔和他的妮娅妈妈了。不过，有瞪羚妈妈陪在身边，卡拉塔觉得特别安心。

妮娅一边轻声地哼着歌儿，一边用她那柔软的舌头不断地舔舐着卡拉塔的身体。低柔的歌声，就像一股美妙的清泉，滋润着卡拉塔的心田。

妮娅相信，只要自己坚持下去，总有一天卡拉塔会被这充满母爱的歌声唤醒；而不断舔舐他的身体，则是为了消除卡拉塔身上的气味，因为这种瞪羚身上特有的味道，会把嗅觉灵敏的肉食动物给招来的。

空气中忽然飘来一丝若有若无的臭味，妮娅赶紧打住歌声，警觉地竖起了耳朵。

沙——沙——沙——在风吹枯草的沙沙声中，妮娅分明听到了有动物在缓缓靠近的声音！

她嚯的一下站起来，透过茂密的荆棘和枯草，果然看到远处有一只鬣狗隐隐约约地躲藏在杂草之中。

原来，妮娅轻柔的歌声，竟引来了贪婪的鬣狗！

妮娅毫不犹豫地蹦跳起来，故意弄出很大的动静，大张旗鼓地向着灌木丛外跑去。

她必须把鬣狗引开！引得越远越好！

见妮娅猛然逃跑，鬣狗尖利地高呼着，果然追了过来。

这下卡拉塔暂时是安全了。妮娅揪起的心稍稍宽慰了一点。她一边跑着，一边盘算着该怎么甩掉这只讨厌的鬣狗。忽然，在前方的草地里，又出现了一只龇（zī）牙咧（liě）嘴的鬣狗！

这狡猾的家伙，竟然用呼唤声叫来了同伙！妮娅心中一急，脚步不禁迟缓下来。

就在这稍一迟疑的刹那，紧追在后面的那只鬣狗呼噜呼噜地咆哮着，纵身扑了上来。妮娅尖叫一声，身体跃起三四米高，一对肌肉健硕的后腿在空中划过优美的弧线，向鬣狗的脑门用力弹去；鬣狗显然也不是等闲之辈，伸出长长的利爪凶狠地扫向妮娅。

碰——一声巨响，鬣狗被妮娅重重地踢中脑袋，身体嗖的一下飞出了老远；与此同时，他那尖尖的前爪也狠狠地划过了妮娅圆润的臀部。

一阵钻心的疼痛在屁股上猛然炸开，妮娅一个趔趄摔倒在地。她就势打了个滚，挣扎着想站起来，可是浑身的肌肉都在痉挛，挣扎了几下都没有成功站起。

呼噜噜——呼噜噜——前方那只鬣狗步步逼近，喉头翻滚着低沉的咆哮声。

妮娅惊恐地盯着鬣狗，眼神中充满了绝望。

哒哒哒——哒哒哒——一阵激越的蹄声忽然在草地上响起。妮娅还没反应过来是怎么回事，就见面前的那只鬣狗一声惨叫，然后夹着尾巴转身就逃。一摊殷（yān）红的鲜血从鬣狗的臀部滴落在干枯的草地上，染出了一朵鲜艳的大红花。

一头雄瞪羚正喘着粗气，英姿勃发地站在妮娅的面前。原来撒达哈及时赶到，并用他头上的武器解救了妮娅。

渐渐荒凉的草地在烈日的不断炙烤下，开始变得十分干旱，沼泽地也慢慢成了沙漠。

草原上最后的几只肉食动物也终于抵挡不住干旱的折磨，向着北方追赶大迁徙队伍去了。

捕猎者的威胁虽然没有了，但撒达哈一家的处境并没有好转起来。因为贮存在猴面包树下的淡水和干草越来越少了，饥饿与干渴又像一对看不见的魔兽，向着这个滞留在南部非洲大草原上最后的瞪羚家族发出了最猛烈的威胁。

撒达哈每天一早就外出寻找食物，常常是精疲力竭地奔波了一整天，却只能稀稀拉拉地带回一点点干枯的杂草。

望着土坑里最后的一点粮草，妮娅的心焦躁极了。她跟撒达哈商量道：“孩子爸，看来我们得控制食量，省着点吃了。”

“是啊，雨季的时候，满地都是鲜美的青草，我们什么时候想吃，都可以随时放开肚皮吃。可是现在不行了，可以吃的东西越来越少了，我们得计划着吃了。”

于是从这天起，瞪羚一家每天只吃一次草，每次也不能吃得

太多。

这样虽然又熬过了些日子，可瞪羚一家很快都变得皮包骨头，瘦得不成样子了。本来身形壮硕、充满活力的撒达哈，走起路来也有些摇摇晃晃了，但他还是坚持着每天外出觅食，不管多少，不论好坏，总算还能找一点吃的回来。

“妈妈，我饿！”叽叽喳趴在地上，翻着白眼无精打采地叫唤着。他实在饿得挺不住了。

妮娅望了一眼瘦骨嶙峋的叽叽喳，心里难受得都快要滴出血来了。她万般无奈地说：“去吧，去我们放粮草的坑里吃几口吧！”

听到妈妈的允许，叽叽喳使劲站了起来，跌跌撞撞地跑向金合欢树下的那个大土坑。

土坑内的积水早已被蒸发得见了底，泡在最后那层泥浆中的干草还是那么好吃，湿湿的、甜甜的，带着一股淡淡的香味，既解饿又解渴。叽叽喳本来是想只吃几口的，但吃着吃着就忍不住了。

他那小小的胃部，仿佛成了一个永远填不满的无底风洞，不断地刮出一阵阵饥饿的妖风，吹得叽叽喳完全失去了自控力。他吃啊，吃啊，却怎么也吃不饱肚子。当他终于把大坑内的最后一根干草吃进肚子的时候，脑子才突然清醒过来。

“啊呀糟糕，我怎么把贮备的粮草都给吃光了？！”他呆呆地看着空空如也的土坑，不知该怎么办才好。

妮娅似乎察觉到了什么，跑过来一看，顿时一阵头昏目眩，吓得瘫（tān）坐在了地上！

这个叽叽喳，竟把全家最后的一点口粮全都吃完了！这些干草，本可以再勉强支撑点时间呢！要是瞪羚爸爸找不回其他食物来，大家该怎么办？

妮娅又气又急，忍不住大声责骂起来："你！你！你怎么这么贪吃呢？"

本来就已经吓傻了的叽叽喳，从未见过母亲如此暴怒的样子，顿时哇的一声大哭起来。

"妈妈，弟弟不懂事，您别骂他了。"嘀嘀嗒在一旁小声地劝说。

"啊！你怎么能这么不懂事呢？现在我们一家，随时都面临着被饿死的危险呀！"彻底崩溃的妮娅号哭起来。

"我……我……"委屈的眼泪在叽叽喳的眼眶里直打转，他忽然腾地站起来，转头就朝满目荒夷的草原深处狂奔而去。

"叽叽喳，叽叽喳，你去哪里？别跑！别跑！"嘀嘀嗒赶忙追出去，但是饿得没了力气的他，竟然跑不过叽叽喳，只能眼睁睁看着弟弟消失在茫茫的暮色中。

卡拉塔雕塑般地躺在那里，刚才所发生的一切，都清晰地传

进了他的耳朵里。

该死！都怪我！让一家人陷入了如此的危境。卡拉塔的心里充满了愧疚（kuì jiù），但是他一点办法也没有。

七　峡谷中的绿洲

天色很快就暗了下来，茫茫的大草原上一片漆黑，只有风儿在呜呜呜地怪叫着。

今天的撒达哈和往常一样，拖着疲惫的身体，赶在天色完全变黑之前回到了他们一家栖身的金合欢灌木丛里；但和往日不同的是，他那瘦削却仍很宽大的脊背上，却是空空如也，连一根杂草也没有驮回来。

“今天没有找到干草，而且刨了半天的地，居然连一段草根也找不到！”撒达哈一屁股坐在地上，无力地叹了口气，他这才注意到满面泪痕的妮娅和束手无策的嘀嘀嗒。

“怎么了，妮娅？”撒达哈转头看了看周围，“叽叽喳呢？”

妮娅失神地瘫坐在地上，没有任何反应。

“他跑出去了……”嘀嘀嗒瞟（piǎo）了瞪羚妈妈妮娅一眼，轻声说道。

“跑出去了？”撒达哈有些吃惊，“这么晚了，到处黑漆漆的，他跑出去干什么？”

“他，他把存在那里的干草都吃完了。”嘀嘀嗒回头指着

远处猴面包树下的那个土坑说，“妈妈骂了他几句，他就跑走了……”

“叽叽喳？他把我们的干草全吃光了？！”撒达哈似乎有些发懵（mĕng），他瞪大了眼睛，一动不动地愣在那里，半天没有说一句话。

“他一直喊肚子饿，我就让他去坑里吃几口。”妮娅终于缓过神来，悲戚戚地说道，“谁知道这个贪吃鬼，竟然把所剩的那点粮草全都吃个精光。现在我们一点吃的都没有了，这可怎么办呀！”

“唉！叽叽喳确实不该贪吃，但他毕竟还是个小孩，懂什么呀！”撒达哈长叹一声，望了嘀嘀嗒一眼，“孩子们也真的是饿坏了啊！”

听到这句话，妮娅又忍不住失声痛哭起来。

卡拉塔躺在草地上，听见瞪羚爸爸和瞪羚妈妈的对话，心里真是难受死了，他好后悔呀，要不是自己吃了水畦边那丛可疑的杂草，就不会头晕落水，不会变成现在这样，那现在瞪羚爸爸和瞪羚妈妈也不用留在这荒芜的大草原上照顾自己，嘀嘀嗒和叽叽喳也不用跟着在这里忍饥挨饿，一家人可以快快乐乐地参加大迁徙了！

夜，越来越深了，叽叽喳还是没有回来。妮娅在干枯的荆棘丛中走来走去，不断地朝着黑漆漆的草原深处张望。

“叽叽喳，叽叽喳，你去哪里了呀？快回来吧，妈妈不怪你了！”妮娅焦急万分的呼唤声，一阵一阵地刺进卡拉塔的耳朵，把他的心揪得好疼好疼。

又是一个不眠之夜。

整整一个通宵，卡拉塔都竖着耳朵，努力倾听着周围哪怕是一丁点的声音。他多么希望能够突然听到叽叽喳那熟悉的吵嚷声啊。但是除了呼啸的风声，瞪羚爸爸撒达哈断断续续的呼噜，以及瞪羚妈妈辗转反侧的翻身，卡拉塔也没有听见。

卡拉塔睁着眼睛仰望着漆黑的夜空，心中充满了悲凉。

莫非，我真的就只能这样像木头一样一直躺着，恢复不过来了吗？嘀嘀嗒呀，你为什么不赶快救救我，用你的银口哨把我们变回去呀？被困在这样一具尸体般的身躯里，卡拉塔感觉每分每秒都是在受煎熬。

当天边终于渐渐泛白的时候，担心了一整夜的妮娅终于憋不住了。她蹑（niè）手蹑脚地走到撒达哈身边，轻轻地推了推自己的丈夫："孩子爸，叽叽喳还没回来，我们得出去找他！"

"什么？叽叽喳还没回来？！"撒达哈睁开迷糊的眼睛，听到妮娅的话，立即腾的一下站了起来，"那我们赶紧出去找找！"

瞪羚爸爸和瞪羚妈妈的交谈声，把嘀嘀嗒也吵醒了："爸爸妈妈，你们要去哪里呀？"

"我们要去找你的弟弟，他一整夜都没有回来。"妮娅颤抖的声音中满是焦虑。

"嘀嘀嗒，你留下来照看卡拉塔，我和你妈妈去找叽叽喳！”撒达哈焦急地吩咐道。

“好的，爸爸妈妈，你们放心去找叽叽喳吧，我会看好卡拉塔的！”嘀嘀嗒点点头。

“那我们走啦！”妮娅和撒达哈踏着晨曦（xī），转身向茫茫的荒原奔跑而去。望着瞪羚爸爸和瞪羚妈妈焦急离去的身影，嘀嘀嗒在心里默念着：你们一定要把小弟找回来啊！

卡拉塔圆睁着双眼，直挺挺地躺在地上，听到了嘀嘀嗒和瞪羚父母的对话，真想站起身来，和他们一起去寻找叽叽喳啊。他现在唯一能做的，也是只能在心里默默地为小弟祈祷。

嘀嘀嗒仿佛能够感受到卡拉塔此时内心想法似的，他紧挨着卡拉塔蹲了下来，眼睛盯着卡拉塔那双大而无神的双眼，轻声地安慰道：“卡拉塔，我知道你能听到我说的话，你别担心，我不会离开这里的，叽叽喳也一定会找回来的。但是，你也得勇敢一点，快快醒过来呀，现在我们已经没有粮草了，留给我们的时间不多了……”

撒达哈和妮娅在一片荒凉的大草原上跑啊跑啊，他们从清晨一直跑到傍晚，几乎都把平时活动的范围跑了个遍，还是没有见到叽叽喳的身影。

“孩子爸，我们歇会儿吧，我实在跑不动了。”妮娅说着，一

个趔趄摔倒在了地上。撒达哈赶忙停住脚步，噔噔噔跑回到妮娅身边："孩子妈，你没事吧？"

"我没事，就是实在太累了。"

"嗯，那我们先歇会儿吧。"撒达哈说着，在妮娅身边盘腿坐了下来，两只瞪羚紧紧地依偎在了一起。

"孩子爸，叽叽喳究竟会去哪儿呢？怎么连个影子都没有了……"妮娅说着说着，忍不住哽咽起来。

"别担心，草原上的野兽早已跑光了，叽叽喳不会有事的。"撒达哈柔声安慰道。

"哎，我真不该骂他呀，叽叽喳还那么小，还不懂事的。"妮娅自责道。

"真的不会有事的。"撒达哈宽慰着妻子，"你别看叽叽喳最小，他其实已经慢慢长大了呢。你看那天卡拉塔落水的时候，多亏了他跑回来报信呢！"

"是啊，应该不会有事的。"妮娅抬头望了望渐渐暗下来的天色，好像忽然想起了什么，"叽叽喳会不会已经回去了？"

"对哦，反正天色也已经晚了，我们先回去看看再说吧。"撒达哈说完，扶着妮娅站了起来。

怎么还没回来呢？这边守在卡拉塔身边的嘀嘀嗒，望着越来越黑的天色，心里开始担忧起来。

忽然，一阵清脆的蹄声从远处传来，嘀嘀嗒心中不禁一喜：一定是瞪羚爸爸和瞪羚妈妈回来了！叽叽喳应该也找到了吧？他满怀期待地站了起来，伸张着脖子向远处张望。

哒哒哒——哒哒哒——声音越来越近，越来越近。昏暗的天色中，依稀可见只有两个高大的身影。

只有瞪羚爸爸撒达哈和瞪羚妈妈妮娅！嘀嘀嗒不禁一阵失望。

更加失望的是瞪羚妈妈妮娅，当她跑回卡拉塔身边，环顾了一周，只看见嘀嘀嗒和躺在地上的卡拉塔之后，又一个趔趄跌坐在了地上。

“孩子爸，叽叽喳没有回来……”妮娅的声音中带着一丝颤抖，绝望地望向了撒达哈，“叽叽喳，叽叽喳，他是不是出事了啊？不行，我得再去找找……”说着，又挣扎着站起来，要向黑夜中的荒原跑去。

“妮娅，你冷静一点。”撒达哈赶紧挡在了妮娅的面前，“天色这么黑了，你还怎么找？”

“是啊，妈妈，我们明天再去找吧。”看到瞪羚妈妈六神无主的样子，嘀嘀嗒也是心疼不已。

忽然，黑暗中传来一阵羊蹄奔腾的声音，一个小小的身影从茫茫夜色中冒了出来，眼尖的嘀嘀嗒惊喜地喊了起来：“看，叽

叽喳回来了！”

哒哒哒——，哒哒哒——，在越来越响的蹄声中，叽叽喳正迎面奔来。在他的背上，竟驮着一捆大大的青草！

撒达哈和妮娅顿时都热泪盈眶。那一瞬间，他们突然觉得孩子真的已经长大了。

“妈妈！妈妈！我找到了一个有水的地方，那里长满了青草，我们有吃的了！”叽叽喳兴冲冲地扑向妮娅的怀抱。

“对不起，宝贝，妈妈不该那样骂你！”望着满脸污秽的叽叽喳，妮娅不禁喜极而泣，她把长长的脖子伸向叽叽喳，不住地亲吻着他的面颊。

叽叽喳发现的那片草地，是在山坡的另一边，一道很深的沟壑（hè）旁。因为那里时常有鬣狗、毒蝎和巨蟒出没，所有的草食动物对这块地方一直都是敬而远之，根本不敢踏近半步。所以，尽管那里的水草长得特别茂盛，特别肥美，大家也从来不会去打这片草地的主意。久而久之，几乎把那里给遗忘了。

叽叽喳之前在和角马医生库都以及瞪羚阿姨鲁拉的孩子们玩耍时，就经常听说那片神秘而恐惧的地方。他一直很想去那里探一探险，但也只是想想而已，根本不敢跟瞪羚爸爸撒达哈提出这种要求，他知道那样肯定会招来一顿责骂。

昨天，控制不住饥饿的叽叽喳稀里糊涂地吃光了家里储备的全部粮草后，看到妈妈那副既焦躁又伤心难过的样子，他突然觉得，必须想办法弥补自己犯下的这个过错。

当他满怀着委屈和自责跑出去的时候，其实还不知道该去哪里寻找食物。

叽叽喳就这么在茫茫的草原上漫无目的地跑呀跑呀，突然间，就想到了这个地方。

那片草地不知道还在不在？如果在的话，应该已经很安全了吧？现在大草原上的动物早跑光了，那些可怕的猛兽一定也都不见了踪影。叽叽喳不断安慰着自己，鼓足勇气奔向了那片草地。

结果，真的被他找到了残存在荒漠上的一小片绿洲。这片绿洲中的青草又高又密，填满那道狭长的沟壑，在沟底的草丛下，竟然还有一汪清澈的泉水！

八　妈妈，你们走吧！

“对哦，我们怎么就没想到那条沟壑下面的草地呢？旱季一到，那些鬣狗、毒蝎和巨蟒早就跑光了！”妮娅晃着脑袋，骄傲地说道，“还是我们的叽叽喳最聪明！”

“嘿嘿。”叽叽喳被表扬得不好意思地低下了头。

“快，叽叽喳，带我们去看看！”想到那片绿油油的草地，撒达哈也有些迫不及待了。

“孩子爸，瞧你急的！现在天都已经这么黑了，去了也看不清什么呀。”妮娅笑着说，“再说了，就一晚上，那草地又跑不了的，我们还是等明早天亮了再去吧！”

“对对对，我真是高兴过头了。明天再去，明天再去！”

静静地躺在黑暗之中的卡拉塔，听到瞪羚一家热烈的交谈声，知道叽叽喳终于安全地回来了，而且还带回了发现一片草地的好消息，悬在心头的一块石头总算落了地。虽然自己还是被遥遥无期地困在这具无法动弹的躯体里，但想到嘀嘀嗒和瞪羚爸爸、瞪羚妈妈，还有小弟叽叽喳不用再忍饥挨饿了，卡拉塔的心里又充满了安慰。

一阵强烈的困意，就像龙卷风般猛然袭来，卡拉塔终于沉入了深深的睡眠之中。自从出事以来，他经常是整夜整夜地失眠，自责、懊悔、焦虑、绝望、无助……各种负面情绪一直轮番地啃噬（shì）着他，令他彻夜难眠，身心疲惫不堪。反正是已经有好久好久，他都没有睡得这么踏实过了。

这一晚，安然入睡的不只是卡拉塔一个，瞪羚爸爸撒达哈和瞪羚妈妈妮娅，也都睡得特别踏实，特别香甜，叽叽喳甚至还在睡梦中发出了吧唧吧唧的咂嘴声。

第二天，天刚蒙蒙亮，卡拉塔就早早地醒来了。他正在纳闷，四周怎么一片安静呢，忽然就听见叽叽喳长长而又满足地“噫”了一声，然后他那闹哄哄的小嗓音就叽叽喳喳地嚷嚷开了：“爸爸！爸爸！妈妈！妈妈！大哥哥！大哥哥！快快起床啦，我带你们去草地！”

在叽叽喳的催促声中，撒达哈、妮娅和嘀嘀嗒都陆续爬了起来。

“爸，妈，你们和叽叽喳去吧，我留下来照看卡拉塔。”嘀嘀嗒睁开惺忪的双眼，略带疲惫地说道。

“好，那我们去去就来。”妮娅话音刚落，叽叽喳就像一支离弦之箭，嗖的一下，急不可耐地射了出去。

“叽叽喳，别急，等等我们！”妮娅高喊着，赶紧和撒达哈一起追了上去。

三只瞪羚在荒漠上急速地奔跑起来，这一次，他们的速度不是为了逃避捕猎者的追击，而是为了尽快获得鲜美的食物。

很快，他们就翻过小山坡，来到了沟壑边。远远地，撒达哈似乎已经听到了水流在沟壑下静静流淌的声音。

望着脚下镶嵌在深沟之中的那一小片绿草茵茵的地方，撒达哈的眼中充满了赞许：“这回多亏叽叽喳，我们终于有救了！”

“是啊，我们的叽叽喳长大了，能为我们分担压力了！”妮娅的声音中满是温柔。

叽叽喳却是一脸疑惑的样子，对于父母的称赞似乎完全没有入耳，此时他的脑子还停留在自己的思路上：“奇怪，有这么好的一块地方，那些猛兽为什么不留下来，而要跑光光呢？”

“因为随着旱季的到来，草原上的草食动物都已经走光了啊。只有肥美的水草，这些猎食者也生存不下去啊，他们是专吃草食动物，根本不吃草的。”妮娅耐心地解释道。

“这地方不错，我们赶紧回去，把卡拉塔转移到这里来吧！”撒达哈提议。

“嗯，好的，我们抓紧行动吧！”妮娅点头赞同。

他们回到了那片干枯的金合欢灌木丛，一家人齐心协力地将

卡拉塔转移到了沟壑中的绿草地旁。

瞪羚爸爸撒达哈从水沼边采回了一大捧最最肥美的青草，堆在卡拉塔的身边；瞪羚妈妈妮娅用灵巧的舌头把这些鲜嫩的青草一点一点嚼得稀烂，嚼出绿绿的汁水后，小心翼翼地喂到了卡拉塔的嘴里；嘀嘀嗒和叽叽喳则轮番跑到水沼边，鼓起腮帮子吸满一大口清水，然后跑回卡拉塔跟前，一口一口地喂给了自己的兄弟。

卡拉塔无法咀嚼，更无法吞咽，只能任由清冽的草汁和清水顺着喉咙慢慢滑进身体里。

靠着这片小小的绿洲，瞪羚撒达哈一家终于又过上了一段不愁吃喝的日子。

然而好景不长，转眼一个月飞快地过去，这最后的一小块草地，很快又被吃完了；沟壑底部的那汪水沼，还来不及喝掉多少，就被烈日烤成了白花花的盐碱地。

饥荒和焦渴再次来袭。

而且这一次，更加来势汹汹，更加令人绝望。

令人焦躁和绝望的不仅是断粮断水，还有在地上整整躺了快两个月的卡拉塔。他的双眼依旧那样直盯盯地睁着，看不到一丝苏醒的迹象。

很快，嘀嘀嗒和叽叽喳又饿得皮包骨头，撒达哈也全身脱水，一下子苍老了许多。望着形如枯槁、昏昏欲睡的父子仨，妮娅心如刀绞。

“卡拉塔变成这样，大家都很心痛，但是你们也得冷静地做决定啊！千万不能感情用事，你们还有两个孩子呢，那样对他们公平吗？”姐姐鲁拉在临走前劝告自己的话，就像一个无形的幽灵，忽然盘旋在她脑海里，怎么也赶不走，挥不掉。

不是吗？库都医生已经说得很明白了，卡拉塔根本就不会再苏醒过来了，要不是我和撒达哈非要留下来陪着他，嘀嘀嗒和叽叽喳完全不必受这样的苦。现在好了，全家人都得饿死在这荒芜的大草原上了。

想到这里，妮娅的心就像被破碎的玻璃扎得鲜血直流。她默默地对自己喊道：妮娅啊！卡拉塔是你的孩子，嘀嘀嗒和叽叽喳也是你的孩子啊！为什么当初你就不能认真地想一想鲁拉的话，做出一个既理性又公平的决定呢？这样对嘀嘀嗒和叽叽喳公平吗？你还是一个称职的母亲吗？！

妮娅下意识地踱到卡拉塔身边，望着一动不动的卡拉塔，她蹲下身子，颤抖着伸出脖子，把脸颊紧紧地贴在了卡拉塔的小脸蛋上，痛苦万分地呢喃道：“卡拉塔，我的宝贝，妈妈实在没办法了！求求你，要不马上醒过来，要不就干脆去了吧，别再

拖累你的两个兄弟了！好吗？”说完，眼泪就像决堤的洪水，哗哗哗地喷涌而出。

妮娅妈妈哪里知道啊，她说的每一个字，都像尖锐无比的子弹，一颗一颗清清楚楚地撞击着卡拉塔的耳膜，敲打在了他的心头。

卡拉塔感觉心如刀绞，他在心里嘶喊着：“妈妈！妈妈！你们走吧！快走吧！我不要拖累你们！不要拖累你们！”

但是他根本动弹不了，也发不出一丁点声音。

九　绝处逢生

当太阳再次升起的时候，妮娅从浅浅的睡梦中醒来。她感觉前肢一阵发麻，这才发现自己竟紧紧地搂着卡拉塔睡着了。

这些天来，妮娅已被眼前的困境折腾得心力交瘁了，昨晚说出了那番压抑在心底许久的话之后，失眠了好多天的她，好像觉得全身忽然松懈下来，拥着卡拉塔竟迷迷糊糊地睡着了。

太阳渐渐释放出炽热的光芒，撒达哈和两个孩子也被这热烘烘的阳光给照醒了。他们一睁开眼，就看见妮娅妈妈抱着沉睡的卡拉塔，仿佛怀抱着婴孩的圣母一般，面容安详地静坐在阳光之中。

“孩子爸，我想过了，再这样拖下去肯定不行了。”看到撒达哈醒了，妮娅缓缓地说道，“趁着身上还有一点力气，你带着嘀嘀嗒和叽叽喳赶紧走吧，不能再这么耗下去了！”

“我带着嘀嘀嗒和叽叽喳走？什么意思？”撒达哈一脸疑惑，“那你和卡拉塔呢？”

“我不能走，我留下来陪卡拉塔。”妮娅显然主意已定。

“那我也不走！”撒达哈大吼起来，“卡拉塔是你的孩子，也是我的孩子！我们说过的，一家人决不分离！”

“孩子爸，你冷静一点！”妮娅竭力保持着镇定，其实她的心仍在滴血，“我是母亲，无论孩子怎么样，我当然不会抛下他。但是孩子爸，我们不只有卡拉塔一个孩子啊，只要还有一线生机，我们都应该尽全力为他们去争取不是吗？”

“可是，我怎么能丢下你和卡拉塔，顾自去逃生呢？”撒达哈蹙（cù）紧了眉头。

“你这不是逃生，是在为我们的孩子争取生的希望，是为我这个母亲去完成我没办法尽到的责任啊！”

听到妮娅妈妈要让他们走，嘀嘀嗒和叽叽喳都急得哭喊起来：“不要！妈妈不要！我们不要走，不要离开您！”

“好了，先不讨论这个问题了，我们得出去找找，先把今天的吃饭问题解决了再说。”撒达哈眼睛红红地站了起来，对妮娅使了个眼色道，“妮娅，我俩好久没一起外出了，今天我们一起去觅食吧，让嘀嘀嗒和叽叽喳陪陪卡拉塔。”

妮娅马上明白了丈夫的用意，她从卡拉塔的脖子下轻轻地抽出前肢，默默地站起身，跟在了撒达哈的后面。

“你们照看好卡拉塔哦！”说完，撒达哈和妮娅转身向远处奔去。

看来，为了保住两只小瞪羚的生命，瞪羚爸爸和瞪羚妈妈只得决定忍痛分开了！这一切，躺在地上的卡拉塔照样听得清清楚楚。

嘀嘀嗒，嘀嘀嗒，你在哪里？你在哪里呀？卡拉塔在心里默默地喊道，为什么还不吹响那个银口哨呢？赶快把我们变回去吧，那样，撒达哈爸爸和妮娅妈妈就能带着弟弟叽叽喳，去追赶迁徙的大部队了。

可是，他除了圆睁着双眼，仍然发不出一点声音。

仿佛有心灵感应似的，这时候嘀嘀嗒看着瞪羚爸爸和瞪羚妈妈终于跑远了，突然趴到卡拉塔的耳边，焦急万分地说道："卡拉塔你别睡了，快醒醒呀，你不醒过来，我们是没办法变回去的呀！"

啊！难怪我都昏迷了这么久，嘀嘀嗒还不吹响银口哨，原来是这个原因呀！那，那可怎么办呦！卡拉塔的心里充满了悲哀，难道我就只能这样躺在草原上等死，真的回不去了吗？

"大哥哥，大哥哥，你跟小哥哥说什么呀？"叽叽喳嚷嚷着，也把脑袋凑了过来，"什么快醒醒，变回去呀？我也要听！我也要听！"

"哦哦，没什么，我是在跟卡拉塔讲，让他快别睡了，如果再不醒过来，我们一家人就得分离了！"嘀嘀嗒赶紧掩饰道。

“哇——”听嘀嘀嗒这么一说，叽叽喳哇的一声又哭了起来，他抽抽噎噎地摇晃着卡拉塔喊道，“小哥哥，你快醒醒吧，我们不要分开，不要分开！”

就在叽叽喳和嘀嘀嗒围在卡拉塔的身边伤心难过，却又不知所措的时候，撒达哈和妮娅背着一小捆新鲜的草根回来了。

“宝贝们，快过来！”妮娅一边招呼着嘀嘀嗒和叽叽喳，一边把撒达哈背上的那捆草根卸了下来，“看爸爸妈妈给你们带回什么来了？”

“好鲜嫩的草根哦！”看到爸爸妈妈带回了好吃的东西，叽叽喳欣喜地叫了一声，顿时破涕为笑。

“可是，地上的青草不都早已枯死了吗？怎么还会有这么新

鲜的草根呢？”嘀嘀嗒觉得好生奇怪，他跑过去咬了一小段草根尝尝，嗯，又脆又鲜，美味极了！

“这是你爸刨了两个多钟头的土地，才在很深很深的地下找到的。”妮娅回头望着撒达哈，深情的目光中满含着骄傲。

嘀嘀嗒这才注意到，瞪羚爸爸撒达哈的一双前蹄上满是尘泥，蹄子上的皮被蹭破了一大块，鲜血渗入尘泥，在腿上结成了一块块触目惊心的黑痂（jiā）。

“别愣着呀，快吃吧！”妮娅说着，用嘴衔起一捧草根，十分细心地喂到了两个孩子的口中。

嘀嘀嗒含着热泪咀嚼着瞪羚妈妈喂过来的草根，心里真是又焦急又酸楚。

忽然，一阵巨大的轰鸣声从远处传来，沉浸在悲伤中的瞪羚一家被吓了一大跳。

“快趴下！”随着撒达哈的一声低喝，妮娅、嘀嘀嗒和叽叽喳都动作敏捷地隐蔽在了灌木丛的下面。

呜——呜——轰鸣声仿佛来自天边，越来越近，越来越响。

不对呀，这声音怎么那么熟悉？好像，好像是汽车行驶的声音？嘀嘀嗒从荆棘后面探出脑袋，好奇地张望起来。

远远地，他果然看见有一辆军绿色的越野车，正在宽阔的草地上疾驰而来。干裂的大地霎时卷起一股漫天的尘土，好像一

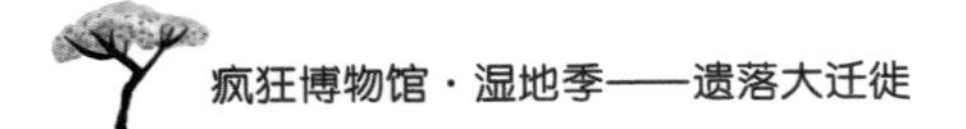

条长长的尾巴，在汽车后面拖出老远老远。

那越野车上的司机长得好面熟哦，大大的帽檐下，是一双深邃的眼睛，还有高高的鼻梁和薄薄的嘴唇，一圈络腮胡子又密又长，而且花白花白的。

他，他不是历史课本上介绍过的达尔文吗？！

对，没错，他肯定就是那位大名鼎鼎的英国生物学家达尔文！

这下卡拉塔有救啦！嘀嘀嗒一阵狂喜，毫不犹豫地从灌木丛中跃身而起，向着奔驰在草原荒漠上的越野车疯狂追去。

“别去！危险！”撒达哈大喊。

“嘀嘀嗒！回来！”妮娅大喊。

但是他们的喊声立即就被满天的尘土和轰鸣的马达声给淹没了。而嘀嘀嗒却像离弦之箭，继续直射向那辆突然出现的越野车。

“达尔文叔叔——达尔文叔叔——”嘀嘀嗒一边狂奔，一边高声呼喊，终于渐渐追了上去。

驾驶着越野车正在纵情驰骋的大胡子叔叔，隐约听到有人在喊着自己的名字，心里不禁一惊：这荒无人烟、寸草不生的旱季大草原上，怎么会有人喊我呢？

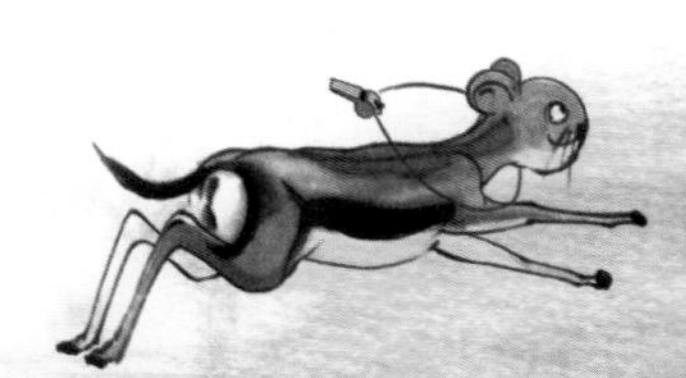

正迷惑间，蓦然又是一声“达尔文叔叔——”在耳边响起，他赶紧一脚踩下刹车。

这时，嘀嘀嗒正好追到了汽车的侧面，气喘吁吁地喊道：“停一停！达尔文叔叔！”

“是你在喊我吗，小瞪羚？”达尔文惊讶地张大了嘴巴，“你，你怎么会说话？而且还知道我的名字？”

“当然知道啦！”嘀嘀嗒快步来到越野车跟前，十分礼貌地说道，“您是大生物学家呀，您的生物进化论，地球人没有不知道的！”

“是这样啊。”达尔文开心地笑了起来，“你叫什么名字，小瞪羚？”

“我叫嘀嘀嗒。”

“哦，嘀嘀嗒，现在大草原已经进入旱季，动物们都已经迁徙到北方去了，你怎么还留在这里呢？”

“因为我的弟弟卡拉塔生了一种怪病，所以我们全家都留下来陪他了。”嘀嘀嗒焦急地说，“达尔文叔叔，快救救卡拉塔吧！您是生物学家，一定有办法的。”

“多么重感情的瞪羚家族啊！”达尔文感叹道，“那你快带我

去看看吧！”

看到嘀嘀嗒带着一个人类往这边跑来，瞪羚一家顿时乱作一团。

瞪羚妈妈妮娅腾的一下跃过去，用身体挡在卡拉塔前面，一双美丽的大眼惊恐地盯着嘀嘀嗒身后的达尔文。

叽叽喳咩咩咩地一阵乱叫，一头扎到瞪羚爸爸撒达哈的背后，缩着脑袋，连眼睛也不敢张开。

只有瞪羚爸爸撒达哈还比较镇定，他一边绷起全身的肌肉，摆开一副随时准备战斗的架势，一边埋怨道："嘀嘀嗒，你怎么把人给引过来了？你可知道，人是最凶狠的动物，他们连狮子和猎豹都敢杀的……"

"我的瞪羚朋友们，别害怕！"达尔文和颜悦色地高喊，"你们误解我们人类啦！虽然人类中确实有滥杀动物的捕猎者，但那只是一小撮（cuō）败类，绝大多数人类都是爱好和平，善待生命的！"

"是啊，爸爸，妈妈，他是非常有名的生物科学家，是来帮我们救治卡拉塔的！"嘀嘀嗒赶忙解释。

"是吗，他能治好卡拉塔？那太好了！"听嘀嘀嗒这么一说，撒达哈和妮娅这才放下了戒备。

“孩子在这里，孩子在这里，您快过来看看吧！”妮娅急切地招呼道。

达尔文几步跨到卡拉塔跟前，伸手在他的额头上探了探，然后又翻起眼皮瞧了瞧，回头问道：“他这样昏迷多久了？”

“有快两个月了吧！”

“快两个月了……”达尔文自言自语着，取下随身携带的背包，从里面摸出一个厚厚的本子，认真地翻阅起来。

撒达哈、妮娅、嘀嘀嗒、叽叽喳，四双眼睛都紧张地注视着那本写满了文字的天书。

“找到了！找到了！他应该是得了这种叫作‘羊快疫’的疾病！”

“**羊快疫**？这是什么病啊？”妮娅和撒达哈异口同声地问道。

羊快疫是由腐败梭菌引起的一种急性传染病，对于各种不同种类的羊来说，这都是一种非常可怕的疾病。

腐败梭菌广泛存在于土壤、粪便、灰尘等自然界环境中，很容易污染饲料、饮水和周围环境。当健康的羊采食了被这种病菌污染的青草后，就会突然发病。

羊快疫非常凶险，往往突然发病，病程极短，其特征为胃黏膜呈出血性炎性损害；病程稍缓的，表现为不愿行走，运动失调，腹痛腹泻，磨牙抽搐，最后衰弱昏迷，甚至死亡；只有那些病程稍长的病羊，可以通过肌肉注射青霉素的方法进行治疗。

Clostridial disease.

a common thing on [illegible] [illegible]

sheep

[illegible]

十　决战“羊快疫”

“这是一种由腐败梭菌引起的急性传染病，主要是经过消化道感染的。”达尔文一边仔细地翻看着那本书，一边向大家解释道。

“腐败梭菌是什么？消化道又是什么？”妮娅似乎没有完全听明白达尔文在说什么。

“腐败梭菌就是一种病菌啦！”嘀嘀嗒脱口而出道，“消化道么，就是指我们的嘴巴啦，喉咙啦，胃啦，肠啦，总之就是东西吃下去要经过的地方啦！”

妮娅和撒达哈有些吃惊地瞪着边说边比画的嘀嘀嗒，心中都充满了惊讶：“这孩子，怎么突然懂得这么多啦？”

“这位小朋友解释得很到位！”达尔文夸奖道，“腐败梭菌是一种肉眼看不见的致病微生物，通常情况下，这种病菌总是以芽孢体的形式，散布在自然界当中，特别是在潮湿的低洼草地、耕地或沼泽地带中比较常见。如果不小心采食了这种被污染的青草或饮水，腐败梭菌的芽孢体就会钻进消化道，从而侵害身体……”

“哦，难怪卡拉塔吃了水畦边的青草，突然就莫名其妙地晕倒了呢，原来这些青草已经被病菌污染了呀！”嘀嘀嗒恍然大悟。

“是啊，这种羊快疫可真是一种凶险的疾病呢！”达尔文一边翻看着书本，一边继续为大家科普，“这里有记载：一旦得了这种病，常常还来不及表现出任何症状，就会突然死亡；只有少数病情不算太严重的感染者，才会出现行动麻痹、腹痛腹泻、磨牙抽搐，最后衰弱昏迷等症状。所以说，你们的孩子还算是幸运的呢。”

“那，这孩子应该还有救吧？”听了达尔文的解释，妮娅的双眼顿时放射出希望的光芒。

“嗯，有救！”达尔文很有把握地说，“你们刚才说，他这样昏迷大概已经有一两个月了吧？对于病程较长的感染者来说，治愈的可能性反而更大呢！”

“哦，谢天谢地！那真是太好了！”妮娅和撒达哈的眼眶中顿时溢满了激动的泪水。

“你们别急，我去车上把药拿来。”达尔文说完，转身就往停在远处的越野车走去。

“卡拉塔，我的好宝贝，你终于有救了！”妮娅紧紧抱住卡拉塔，眼泪伴随着笑声倾泻而出。

撒达哈和嘀嘀嗒的目光一直紧张地追随着达尔文。

远远地，他们看见达尔文在车上翻找了好一会儿，最后终于找出了一个方方正正、中央画着一个红色十字架的小药箱，然后只见他把药箱挎在了肩上，开始往回走。

短短的一段路，在嘀嘀嗒热切的目光中，却感觉这位大胡子生物学家走得格外地缓慢。于是他忍不住大喊起来："达尔文叔叔，达尔文叔叔，您能不能走快点，卡拉塔等不及啦！"

听到嘀嘀嗒的喊声，卡拉塔在心中呐喊："是啊，达尔文叔叔，您走快点吧！我是真的真的等不及了呢，这种明明有知觉，却什么也说不出做不了的状态，实在太折磨人、太难熬了！"

达尔文却不徐不疾地说道："来了！来了！"

说话间，就已经回到了卡拉塔的身边。只见他把药箱从肩上取下来，打开箱子，从里面取出一支玻璃针筒，从一个透明的小瓶子里抽吸了一些药水，然后又用一把镊子从一个铁盒中夹出一枚银光闪闪的针头，安装在了玻璃针筒上。

"你要干什么？！"妮娅见状大惊失色，半个身子下意识地挡在了卡拉塔的前面。

"妈妈，没事的啦！"嘀嘀嗒赶紧解释，"达尔文叔叔这是要给卡拉塔打针呢。"

"打针？好好的为什么不给卡拉塔吃药，而要拿这么长的针

去扎他？”妮娅仍是一脸的戒备。

“别害怕，打针是为了把药水打进身体里去啊，这方法可比吃药见效快多了。”达尔文笑着，朝向空中轻轻地推了推针筒，把里面的空气全部推尽，只剩下了满满的一管药水。

“是啊，妈妈，这是很管用的治病方法，不会有危险的。”

见嘀嘀嗒和这个和善的大胡子人类都说得这么肯定，妮娅这才慢慢地松弛下来。

“这是一种叫作‘**青霉素**’的药水，能有效杀灭腐败梭菌。”达尔文说着，把针头轻轻地扎进卡拉塔的臀部，把药水推了进去。

达尔文为卡拉塔注射完青霉

青霉素是一种抗生素，又称“盘尼西林”。它的分子中含有一种叫作“青霉烷”的物质，这种物质能破坏细菌的细胞壁，并在细菌细胞的繁殖期起杀菌作用，所以青霉素是很管用的抗菌药品。

青霉素是由英国伦敦大学圣玛莉医学院的细菌学教授亚历山大·弗莱明于1928年发现的。青霉素的出现拯救了许多病人，因此曾经轰动世界，为了表彰这一造福人类的贡献，弗莱明教授和其他两位科学家于1945年共同获得了诺贝尔奖。

为了安全使用这种抗生素，每次使用青霉素前都必须做“皮试”，虽然这会很痛，但能有效避免药物过敏。

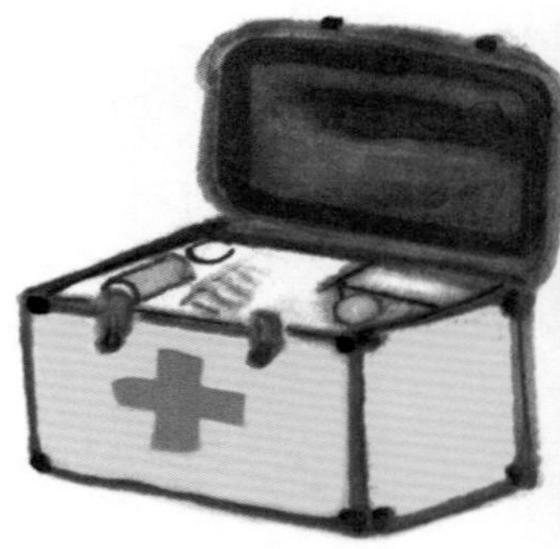

素，起身站起来，看了看天色，已经一片昏暗。

“今晚，我得跟你们一起过夜了。”说着，他从越野车上拿下一顶帐篷，在沟壑边空旷的荒地上支了起来，“明天早上，你们的孩子应该就会苏醒过来，然后我再给他打一针，巩固一下。”

旱季的非洲大草原上虽然一片荒凉，但夜晚的星空却格外漂亮。嘀嘀嗒和达尔文席地坐在临时搭就的帐篷外，静静地仰望着星空。

“好美的星空啊。”嘀嘀嗒赞叹道。来非洲大草原这么久了，他还从来没有注意到这里的夜空如此美丽。

“是啊，在欧洲根本就见不到这么纯净的夜空了。”达尔文叹息起来。

“对了，达尔文叔叔，您怎么一个人跑到非洲大草原来了？”嘀嘀嗒好奇地问。

“这个说来话长。”达尔文下意识地捋了捋胡须，继续道，“16年前，有一次我来非洲探险，在一个原始部落里，我看到了一幕十分令人痛心的场面。”

“什么场面？”嘀嘀嗒的好奇心瞬间被勾了起来。

“那个部落里的人，竟然还过着与世隔绝的荒蛮生活，他们把衰老的妇女赶进深山老林，让其自然饿死。更有甚者，当食

物不足时，族人竟然将小孩和刚刚生下来的婴儿杀死吃掉……”

“呀！那太可怕了！”嘀嘀嗒顿时感觉毛骨悚然。

“就是啊，我看了非常气愤，就斥问他们的族长，为什么要做这么野蛮残暴的事情。结果那族长居然十分平静地回答说，妇女的任务嘛，就是繁衍（yǎn）后代，她们老了，失去了生育能力，留着还有什么用？至于为什么要吃小孩，族长说那是因为饥荒时没有东西可吃啊，总不能大家都被活活饿死吧？”

“真的是野蛮落后透顶了！”嘀嘀嗒义愤填膺。

“是啊，所以我就下决心要改造他们，把这个部落从野蛮和落后中拯救出来。”

“达尔文叔叔您太了不起了！那您是怎么拯救他们的呢？”

“我花了很高的价钱，从他们手中买下了一个差点被他们吃掉的男婴，然后把他带回了英国。我把这个男孩精心抚育长大，然后又聘请了老师，专门教他文明礼仪和先进科学。我的目的，就是要把这位懂文明、有素养的非洲青年送回他的家乡，让他用所掌握的知识和本领，去改变家乡愚昧落后的状况……”

“哇！达尔文叔叔，您太牛了！”嘀嘀嗒由衷赞叹。

“哎，问题可远没我想象的那么简单呀！”达尔文长叹一声。

“怎么啦？怎么啦？”

“刚才你不是问我，为什么会孤身一人来非洲大草原吗？我这次来，就是想看看在那位非洲知识青年的影响下，部落里的变化究竟怎样了。”

“肯定变得很文明了吧？至少应该不会再吃人了……”嘀嘀嗒有些迟疑地问道。

“万万没有想到啊！部落里不仅一点没有改变，而且连那位青年人也找不到了！”达尔文紧紧地皱起了眉头。

“啊，不会是又被吃了吧？！”嘀嘀嗒顿时惊恐万分。

“嗨，你这小瞪羚还真聪明，那青年人果然是被族人给吃了。”达尔文有点意外地望了望嘀嘀嗒，表情痛苦地说道，“那个部落的新首领居然对我说，你送回来的那小子，整天只会夸夸其谈，却什么事也不会做，连只兔子都不会杀，还自称是什么大师，我们大家都觉得留着他也是多余，所以就把他吃了！”

十一　您是一位好母亲

当又一个晨曦在苍凉的非洲大草原上冉冉升起的时候，卡拉塔终于从睡梦中渐渐醒来。睁开双眼，忽然看见一只蚂蚱伸展着翅膀，扑啦啦地从眼前飞过，他的目光情不自禁地向着那只小飞虫追了过去。

小蚂蚱转眼就飞出了卡拉塔的视线，这时，他才蓦然惊觉，自己的双眼竟然可以转动了！而且昨天晚上，似乎也是闭着眼睛睡了一大觉的，难怪睡得那么沉呢！

莫非，我真的已经恢复知觉了？！一阵巨大的惊喜潮水般地涌向卡拉塔的心田，他尝试着活动了一下四肢，真的也能动了唉！于是他赶紧铆（mǎo）足全力，摇摇晃晃地撑起了上身。

嘀嘀嗒呢？瞪羚爸爸和瞪羚妈妈呢？他们都在哪儿呀？卡拉塔吃力地别过脑袋，目光向四处焦急地搜寻着。

终于看到啦，就在不远处的泥地上，瞪羚爸爸撒达哈、瞪羚妈妈妮娅，还有嘀嘀嗒和叽叽喳，都还在呼呼大睡呢！

“嘀嘀嗒——嘀嘀嗒——”卡拉塔欣喜地喊了起来，声音却仍然细若游丝。但是仿佛有心灵感应似的，熟睡中的嘀嘀嗒突然腾的一下坐了起来。

“卡拉塔——卡拉塔——”睡眼惺忪的嘀嘀嗒焦急地呼喊着，蓦然看见了坐在不远处的卡拉塔，两眼顿时放出了光芒，“卡拉塔，你真的醒了？太好了！”

喜极而泣的嘀嘀嗒从地上一跃而起，一边奔向卡拉塔，一边兴奋地高喊：“爸爸，妈妈，你们快看，卡拉塔已经醒啦！”

清亮的喊叫声在沟壑中蓦然炸响，撒达哈、妮娅和叽叽喳顿时被惊醒。看到已经能够坐起来说话的卡拉塔，瞪羚一家连蹦带跳地围了过来，幸福的泪水夺眶而出。

“卡拉塔，卡拉塔，我的好孩子，这是真的吗？你终于醒过来了！”妮娅似乎还有点不敢相信眼前的事实。

“嗯嗯，妈妈，对不起，我拖累了你们。”卡拉塔挣扎着想站起来，但一阵晕眩又使他栽倒在地。

“怎么啦？你怎么啦？！”瞪羚一家齐声惊喝着，赶紧扶住卡拉塔，心又都悬到了嗓子眼上。

“别担心，青霉素已经在他体内开始发挥作用了，待会儿我再给他注射一针巩固一下，用不了多久，他就会完全康复的。”达尔文不知何时已经走出帐篷，来到了瞪羚一家的身后。

“噢，大恩人，真是太感激您了！”妮娅满含热泪地转过身来，伸出热乎乎的舌头，轻轻地舔了舔达尔文的手，“请您尽快

再给卡拉塔打一针吧！拜托了！”

“别急，别急，青霉素的药效是有一定时间的，太早注射效果不好的。”达尔文安慰道，“等太阳完全升起之后，我再给他注射第二针。”

说完，他就回到他的那辆越野车旁，开始拆卸那座帆布帐篷。

当金灿灿的阳光洒遍大地的时候，满脸大胡子的达尔文终于收拾完了他的帐篷。他把收成了一团的帐篷塞进汽车后备厢，随后就从车上重新取下了那只标记着红色十字架的药箱。

在嘀嘀嗒和撒达哈、妮娅、叽叽喳的热切注视下，达尔文把整整一针管的青霉素药水又注射到了卡拉塔的身体里。

“好了，我已经给你们的孩子注射完了，他应该没什么问题了，我也该上路了！”达尔文把药瓶和针筒放回药箱后，站起身来拍拍手，掸尽了身上的沙土，然后对着卡拉塔说，“记住，先不要着急活动，再好好地休息休息，最好躺着睡一觉，等醒来的时候，你就可以重新站起来行动啦！”

“谢谢您，达尔文叔叔。”卡拉塔虚弱地道谢。

在瞪羚一家满含感激的目光中，达尔文潇洒地跳上了他的越野车，挥了挥手，车子就在一阵骤起的轰鸣声和漫天飞扬的沙土中绝尘而去。

瞪羚一家呆呆地站立在原地，凝望着渐渐远去的越野车，直到车子完全消失在茫茫荒原上，这才回过神来。

“卡拉塔，快躺下吧。达尔文叔叔说了，让你再好好地睡一觉。”妮娅对卡拉塔温柔地说道。

“孩子妈，你在这儿看着卡拉塔，我带嘀嘀嗒和叽叽喳再去找点吃的来。等卡拉塔醒来之后，再让他饱饱地吃一餐，他的体力就会恢复了！”

“嗯，好的，你们注意安全，快去快回。”妮娅点点头。

听说要帮卡拉塔去找食物，嘀嘀嗒和叽叽喳顿时来劲了，“走喽——走喽——”他俩兴奋地喊着，跟在撒达哈的身后，撒腿向着荒原的深处奔跑而去。

“卡拉塔，孩子，我的好孩子！”妮娅慈爱地凝望着重新躺回地上的卡拉塔，口中喃喃着，“太好了，真是太好了，你终于没事了！”

“嗯嗯，妈妈，您放心，我不会再有事的。”卡拉塔的心中也充满了感动，“这些日子，害您担心了，真对不起！”

听到卡拉塔的道歉，妮娅的眼圈忽然红了起来，她满脸愧疚地望着卡拉，嗫嚅道：“好孩子，妈妈……必须向你坦白……一件事，就在我们遇到你的救命恩人达尔文叔叔的前两天，妈妈的意志也有过动摇，还曾经想过要放弃你……”

“妈妈，您说的话其实我都听到了……”卡拉塔赶紧打断了妮娅的话。瞪羚妈妈做得已经够好了，他不想让她太过自责了。

“你都听到了？！”妮娅惊讶地瞪大了眼睛。

“是啊，我的知觉其实一直都没有失去过，只是全身麻痹动弹不了，但是你们说的话我还是全部都能听见的。”

“噢，我的天哪！”妮娅惊呼一声，表情痛苦地说道，“那时候你该是多么无助呀，可我居然对你说，如果不赶快醒来，不如就去了吧，不要拖累你的两个兄弟了！妈妈真是太混蛋了！可怜的孩子呀，你一定恨死妈妈了吧？”

“不，妈妈！”卡拉塔真诚地说道，“我一点也没有怪您，您是因为心疼自己的孩子才那样说的呀！而且，您最后不是也决定要留下来守着我吗？我知道，那时候您其实已经做好了牺牲自己生命的准备，所以妈妈，您是一位伟大的母亲啊！”

“卡拉塔，卡拉塔，我的好孩子，谢谢你能理解妈妈！”妮娅紧紧地依偎着卡拉塔，眼中流出了欣慰的泪水。

卡拉塔幸福地感受着瞪羚妈妈妮娅热烘烘的体温，又美美地睡了一大觉。当他再次苏醒过来的时候，天空中已经布满了美丽的晚霞，好像是谁打翻了五彩的颜料盒，可绚烂，可壮丽了。

“小哥哥，小哥哥，你醒啦？怎么样？是不是浑身很有劲了？”耳畔忽然响起叽叽喳闹哄哄的叫声。卡拉塔抬头一看，呵，嘀嘀嗒和瞪羚爸爸也都已经回来了，一家人正充满期待地注视着他呢！

“嗯嗯，已经完全恢复了！”卡拉塔赶紧一个翻滚站起身来，嘿！头也不晕乎了，腿也不打颤了，真的彻底康复啦！

“来来，先吃点东西，填饱了肚子再说。”撒达哈说着，用修长的蹄子点了点脚下的一大堆枯枝干草，“不过，这草原上已经实在找不出什么可吃的东西了，只有我们原先栖身过的那片金合欢灌木丛，还剩下一些枯枝了，我们采了一些回来，大家将就着填肚子吧。”

被瞪羚爸爸这么一提醒，卡拉塔这才感觉到，空空的肚子早已在那里叽里咕噜地提抗议了。于是他张开小嘴，伸出舌头一把卷起一段枯枝，塞进嘴里嘎吱嘎吱地吃了起来，那副贪吃的模样顿时引得瞪羚爸爸和瞪羚妈妈开怀大笑起来。

“哈哈，我们可爱的儿子又变得活蹦乱跳啦！”撒达哈开心地说道，语气中充满了自豪。

“是啊是啊，而且变得更聪明、更懂事了呢。”妮娅微笑着，冲卡拉塔眨了眨眼睛。

“唉，孩子妈。”撒达哈忽然叹了口气，话锋一转，跟妮娅商量道，“这沟壑里已经没什么可吃的东西了，我看咱们还是暂时先回到山坡那边的金合欢地里去吧，那边干枯的灌木丛好歹还可以再吃上几天。”

“好的，反正卡拉塔也可以行走了，我们趁着天黑之前，这就搬迁回去吧。”妮娅点头道，“等过几天，卡拉塔的身体完全没问题了，我们再从长计议。”

于是，瞪羚一家沿着沟壑旁的小道，噌噌噌地跑上了山坡，然后迎着黄昏的霞光向山坡下早已枯败的金合欢灌木丛跑去。

十二　金色的口哨

夜色再次笼罩着大地，除了偶尔呼啸的阵阵北风，四周一片寂静，只有满天灿烂的星星，在漆黑的夜空中不停地眨着眼睛。

疲惫了一天的瞪羚爸爸和瞪羚妈妈，终于渐渐进入了梦乡，而心无牵挂的叽叽喳，更是早早地打起了细细的呼噜。

“卡拉塔，卡拉塔，你睡着了吗？”耳边传来嘀嘀嗒压低了的声音。

“没有呢，睡不着。”正仰望着星空的卡拉塔翻了个身，“嘀嘀嗒，你也还没睡呀？”

“是啊，发生了这么多事，实在是太惊险了！”嘀嘀嗒说着，轻手轻脚地挪到了卡拉塔的身边。

“就是呢，好像做梦一样啊。”卡拉塔叹息道，“全身麻痹的那段时间，我躺在那里什么都做不了，心里那个急呀，都以为自己要光荣牺牲在这非洲大草原上了！”

“嘿嘿，所有的磨难，所有的经历，都是冥冥之中早已定的，你急也没用啊。”嘀嘀嗒轻声说道，语气却是那么笃定。

“哼，要是我真有个三长两短，你可是罪魁（kuí）祸首哦，因为是你把我变过来的……”卡拉塔见嘀嘀嗒那么轻描淡写，有些急了。

“嘘——小声点！”嘀嘀嗒赶紧提醒道，“我们变身的事情，千万不能让瞪羚爸爸和瞪羚妈妈知道！”

卡拉塔吐了吐舌头，压低声音责怪道：“我都快急死了，你怎么一点都不着急呢！”

“你看，达尔文叔叔这不是来救你了吗？你现在不是好好的，一点都没事了吗？”

“哦！”卡拉塔猛地恍然大悟，“好你个嘀嘀嗒，原来你早就知道达尔文叔叔会出现啊，你这个鬼灵精妖怪鼠，居然让我担惊受怕也不提醒我一下，实在太坏了！”

“没办法，天机不可泄漏呀。”嘀嘀嗒耸耸肩，“不过，这回我们可真的不能再耽误了，得尽快变身回去……”

“什么什么！你也太那个了吧？有危险的时候你不走，现在好不容易安全了，你却说要走了？不干！”卡拉塔生气地噘起了嘴。

“这回我真不是跟你开玩笑的，草原上的食物已经彻底断绝了，如果不抓紧出发北上，赶上大迁徙的部队，瞪羚一家就会饿死在路上的。”嘀嘀嗒严肃地说。

“嘀嘀嗒，我的好神鼠，好兄弟，你就发发慈悲吧，让我陪着他们一起北上。”卡拉塔十分不舍地朝不远处的瞪羚父母和瞪羚弟弟望了一眼，哀求道，“等他们到了安全地带，我们再回去好吗？”

“不行！”嘀嘀嗒斩钉截铁地说，“最迟明天晚上，我们必须变身回去！”

“啊！嘀嘀嗒，你的心肠怎么这么硬啊？”卡拉塔不满地说，“瞪羚爸爸和瞪羚妈妈对我们多好呀，还有叽叽喳，那么可爱，难道你对他们就一点感情都没有吗？”

“唉，我怎么会对他们没感情呀！”嘀嘀嗒叹了一口气，“可是，卡拉塔你想想，你现在才刚恢复，以你的身体状况，根本不能长途跋涉的，到时候走到半路你再出个意外，我可真就没有办法了，到那时，瞪羚一家也会被你拖累的！”

“好吧，被你说服了。”卡拉塔十分不情愿地嘟哝了一声，想到即将与瞪羚一家分离，他的心中顿时充满了失落与惆怅。

“孩子们，起床啦！”瞪羚爸爸撒达哈精神抖擞地站在朝霞下，满面红光地高声喊道。

三只小瞪羚在父亲的催促下，陆续睁开迷蒙的双眼，晃晃悠悠地站起身来。妮娅在一旁见了，心疼地说道：“孩子们贪睡，就让他们多睡一会嘛！”

“不行，太阳都已经晒到屁股上啦，不能再睡了。”撒达哈神情激动地宣布道，“时间不等人！现在，我们终于可以上路了，就不能再耽搁啦，大家准备出发，我们追赶迁徙大部队去！”

“爸爸，妈妈，有件事，我想得到你们的支持……”说着，嘀嘀嗒望向卡拉塔，郑重地点了点头，“昨晚我跟卡拉塔商量过了，你们带着小弟先北上吧，我们俩暂时先不去追赶大部队了。”

“为什么呀？”妮娅瞪大了眼睛，满脸惊讶。

“嗯嗯，我们想再留点时间，在这干旱的草原上再锻炼一下适应能力……”看到母亲不解地望向自己，卡拉塔赶紧按照嘀嘀嗒教他的口径胡诌（zhōu）起来。

“可是，你才刚刚康复呢，怎么离得开我们的照顾呀？”见孩子们不像是在开玩笑，妮娅有些急了，“听话孩子，别折腾了，啊？”

“爸，妈，你们放心吧，经过这些日子的磨炼，我们都已经长大了，可以应付各种情况的。”嘀嘀嗒和卡拉塔几乎异口同声地说道。

“我们一家好不容易挺过了这么多的磨难，现在终于可以开开心心地一起上路了，你俩为什么又要想着离开我们呢？”妮娅无助地转向撒达哈，脸上写满了哀伤，“孩子爸，你快说句话呀！”

瞪羚爸爸撒达哈一直神情严肃地蹙着眉头，一声不吭地听着孩子们说话。听到妮娅的问话，他终于声音低沉地开了口："孩子们已经长大了，总有一天要离开我们的。孩子妈，这是好事，我们应该接受这个事实，并且支持他们。"

听到瞪羚爸爸撒达哈的这番话，嘀嘀嗒心里的一块大石头总算落了地。可是瞪羚妈妈妮娅却难过地低下头，肩膀一抽一抽地哭泣起来。

"大哥哥，小哥哥，你们不要离开我！不要离开叽叽喳！"一旁的叽叽喳忽然大哭起来，眼泪鼻涕顿时涂满了那张可爱而又漂亮的小脸蛋。

卡拉塔的心里好像被什么东西猛地扎了几下，刺疼刺疼的。他低下头，用嘴轻轻地取下脖子上的金口哨，郑重地挂在了叽叽喳的胸前："小弟，别哭了，我把这个金口哨送给你。等我和你大哥哥锻炼得更强壮了，就去北方找你，到时候我们再一起吹口哨玩。"说完，眼眶中早已噙满了泪花。

"真的？"叽叽喳顿时破涕为笑，"好耶！好耶！"

瞪羚一家终于依依不舍地分离了。

风沙飞扬的大草原上，骤然出现了三道直指北方的长长弧线。撒达哈和妮娅带领叽叽喳向着北方一直奔驰，去追赶早已

不见了影子的迁徙大部队。

卡拉塔和嘀嘀嗒就像两尊小小的雕像一般，站在漫天飞舞的风沙中凝望着北方，直到那三道弧线渐渐缩成了三个小小的黑点，最终彻底消失在了视线的尽头。

卡拉塔这才抬起前肢，低头抹了一把眼睛，转脸对嘀嘀嗒说："那，我们也走吧。"

"你没事吧？"嘀嘀嗒望了望眼睛红红的卡拉塔，小心地问道，"做好准备了？"

"呵，你这只妖怪鼠，不是每次都说变就变的，什么时候考虑过我的感受了？"卡拉塔故作生气地昂了昂头。

"哎哟冤枉啊！我什么时候不顾及你的感受过啦？"嘀嘀嗒大声尖叫起来，"好你个没良心的卡拉塔！没看到一直都是本大神在保护你吗？"

"好好好，是你在保护我，你是我的保护神！这样可以了吧？"见嘀嘀嗒真有些急了，卡拉塔赶紧安抚道，"那我们抓紧行动吧？"

在俩人的嬉闹声中，嘀嘀嗒蓦然举起银口哨，放到嘴边吹了起来。

咻——咻——咻——

三声过后，卡拉塔突然觉得眼前一黑，整个人猛地跌坐在地上，好像陷进了一片无边无际的黑暗之中。他下意识地伸手摸了摸地面，发觉竟然是光溜溜的，完全感觉不到沙石和枯草的那种硌手感觉。

卡拉塔努力地睁大眼睛，适应了好一会儿，才慢慢看清了身边的景象。哇！真的已经穿越回了博物馆展厅角落的这座小木屋里了呢！

双肩包还静静地躺在地上，书包边有一只毛茸茸的仓鼠标本。

“对不起，嘀嘀嗒，又得委屈你一下下啦！”卡拉塔说着，用双手捧起小仓鼠，小心翼翼地塞进了书包里。

推门出来，门外的几位游客还在那里一脸平静地排队等候着

入内拍照呢。

嘿嘿，果然神不知鬼不觉啊！卡拉塔得意极了。

一抬头，眼前那片壮阔的非洲草原野生动物大迁徙复原场景就呈现在面前。卡拉塔扭头向着迁徙队伍的最末端望去，只见两大一小，三只身形灵巧而又熟悉的瞪羚，正眼光灼灼地望着他呢！那头小瞪羚的脖子上，一只金色的口哨在聚光灯下闪闪发光，照得卡拉塔的心里既温暖又透亮。

图书在版编目(CIP)数据

遗落大迁徙 / 陈博君著. — 杭州：浙江大学出版社，2018.6

（疯狂博物馆·湿地季）

ISBN 978-7-308-18020-7

Ⅰ. ①遗… Ⅱ. ①陈… Ⅲ. ①自然科学－儿童读物 Ⅳ. ①N49

中国版本图书馆CIP数据核字(2018)第037541号

疯狂博物馆·湿地季——遗落大迁徙

陈博君 著

责任编辑 王雨吟

责任校对 於国娟

绘　　画 柯　曼

封面设计 杭州林智广告有限公司

出版发行 浙江大学出版社

（杭州市天目山路148号　邮政编码 310007）

（网址：http://www.zjupress.com）

排　　版 杭州林智广告有限公司

印　　刷 杭州钱江彩色印务有限公司

开　　本 710mm×1000mm 1/16

印　　张 9

字　　数 78千

版 印 次 2018年6月第1版 2018年6月第1次印刷

书　　号 ISBN 978-7-308-18020-7

定　　价 25.00元

浙江大学出版社发行中心联系方式：0571-88925591；http://zjdxcbs.tmall.com